U0180874

普通高等教育“十四五”规划教材

Java程序设计实例教程

主　编　毛　弋　夏先玉
副主编　邹竞辉　周仕雄
参　编　谢进军

北　京
冶金工业出版社
2021

内 容 提 要

本书主要介绍了Java语言的基本知识和程序设计的方法，并以示例形式引导知识点的学习和应用。全书分为十一章，系统讲解了Java语言开发技术的知识点，内容涉及Java的环境设置、基本语法及流程控制、面向对象的基本知识、数组、类与容器、输入/输出流、多线程、异常处理、数据库编程、网络编程和图形用户界面。通过基本知识的学习、示例的理解、实战训练这三大模块，读者可以掌握面向对象程序设计的基本概念，从而获得利用Java语言进行程序设计的能力，为从事相关工作打下良好基础。

本书可作为高等院校计算机及相关专业的教学用书，也可作为有关工程技术人员和计算机爱好者的参考书。

图书在版编目(CIP)数据

Java程序设计实例教程/毛弋，夏先玉主编．—北京：冶金工业出版社，2021.4

普通高等教育“十四五”规划教材

ISBN 978-7-5024-8772-0

Ⅰ.①J… Ⅱ.①毛… ②夏… Ⅲ.①JAVA语言—程序设计—高等学校—教材 Ⅳ.①TP312.8

中国版本图书馆CIP数据核字(2021)第054222号

出 版 人 苏长永
地　　址 北京市东城区嵩祝院北巷39号 邮编 100009 电话 (010)64027926
网　　址 www.cnmip.com.cn 电子信箱 yjcbs@cnmip.com.cn
责任编辑 俞跃春 刘林烨 美术编辑 彭子赫 版式设计 禹 蕊
责任校对 卿文春 责任印制 李玉山
ISBN 978-7-5024-8772-0
冶金工业出版社出版发行；各地新华书店经销；北京印刷一厂印刷
2021年4月第1版，2021年4月第1次印刷
787mm×1092mm 1/16；15.5印张；374千字；240页
48.00元

冶金工业出版社 投稿电话 (010)64027932 投稿信箱 tougao@cnmip.com.cn
冶金工业出版社营销中心 电话 (010)64044283 传真 (010)64027893
冶金工业出版社天猫旗舰店 yjgycbs.tmall.com

前　　言

Java是面向对象、支持多线程的解释型网络编程语言，具有高度的安全性、可移植性和代码可重用性。近年来，Java是最受欢迎的编程语言之一，它汲取了其他语言的优点，得到越来越多的程序员的追捧，并且逐渐发展成为Internet和多媒体相关产品中应用最广泛的语言之一。很多高等院校也将Java程序设计这门课列为计算机专业学生的必修课程。

本书从教学实际出发，并依据计算机信息工程技术专业的人才培养目标和培养规格的要求编写，通过大量的编程实例对Java编程技术及应用进行了详细讲解。本书不仅仅单纯从知识角度讲解Java，还从解决问题的角度介绍Java语言知识，使得读者从中不仅能够学到知识点，而且知道什么时候应用、如何应用，从而提高解决问题、开发项目和实际编程的能力。

本书在编写过程中，强调“理论与实践相结合”的理念，具有以下几个特点：

（1）遵循客观的认知规律，每个基本语法都按照由浅入深、由易到难的原则。

（2）示例浅显易懂，结合书中的基本知识点，便可快速理解，使读者容易掌握。

（3）语言简练，通俗易懂，并且对图示和代码添加了注释，帮助读者降低理解难度。

（4）对相关知识点进行了拓展，使读者增强对知识点的了解，以达到拓展知识面的效果。

本书由重庆电子工程职业学院毛弋、重庆建筑科技职业学院夏先玉担任主编，华南师范大学软件学院邹竞辉、贵州小益龙网络科技有限公司周仕雄担任副主编，沈阳理工大学谢进军担任参编，全书由毛弋、夏先玉统编定稿。具体编写分工如下：第七章、第九章、第十一章由毛弋编写；第三章、第八章、第十章由夏先玉编写；第四章和第六章由邹竞辉编写；第一章和第二章由周仕雄编写；第五章由谢进军编写。

由于编者水平有限，书中不妥之处，恳请读者批评指正。

编　者

2020 年 10 月

目　录

第一章　走进 Java 语言

任务内容

（1）了解 Java 语言起源、发展和特性；
（2）了解 Java 语言的应用领域；
（3）掌握 Java 软件的下载、安装与配置；
（4）掌握使用“命令提示符”窗口编译与运行 Java 程序；
（5）掌握使用 Eclipse 编写、运行 Java 程序。

第一节　Java 简介

一、Java 的发展历史

Java 语言起初是 Sun 公司（目前已被 Oracle 公司收购）在 Green Project 中使用的程序语言，当时的名字是 Oak（橡树）。Green Project 开始于 1990 年 12 月，由 Partrick Naughton、Mike Sheridan 和 James Gosling 主持，目的是构筑在 PDA、手机等消费性数字产品中运行的应用程序。据说 Oak 名字的由来，是因为 James Gosling 的办公室外有一棵橡树。但后来发现 Oak 已经被注册了。于是 James 和同事们一边喝着来自爪哇岛（Java）的咖啡，一边讨论语言新名称，灵机一动就将这门新的语言命名为 Java。也正因如此，Java 的 Logo 是一杯热气腾腾的咖啡。1995 年 5 月 23 日，Java Development Kits 的 1.0 a2 版正式发布，而在 1996 年，Netscape Navigator 2.0 正式支持 Java，后来 Microsoft 产品也开始支持 Java。从此，Java 语言借助互联网获得了新生和发展。

二、Java 语言的特点

（一）简单性

Java 在设计的时候参考了许多 C/C ++ 的语法和特性，同时总结了 C/C ++ 在软件开发中的经验教训，舍弃了其中一些使用较少、难以掌握或不安全的，比如指针、运算符重载等功能。与此同时，还提供了自动废料收集、简化了开发中的一些特性，比如简化了多继承并制定了更为严格的语法，尽量把错误放在编译阶段检查。所以 Java 编程不仅容易入手，而且不容易犯错，很容易学习和使用。

（二）面向对象

Java 语言的编程主要集中在类、接口的描述和对象引用方面。面向对象编程技术具有很多好处，例如：通过对象的封装，减少了对数据非法操作的风险，使数据更加安全；通过类的继承，实现了代码的重用，提高了编程效率，降低了软件开发和维护的难度等。

（三）健壮性与安全性

Java的强类型机制、异常处理、废料自动收集等是Java程序健壮性的重要保证。在语言功能上，Java不支持指针，消除了因指针操作带来安全隐患，而且Java具有完备的安全结构和策略，代码在编译和运行过程中被逐级检查，可防止恶意程序和病毒的攻击，进一步提高了Java语言的安全性。

（四）平台独立与可移植性

Java是一种“与平台无关”的编程语言。Java的源文件是与平台无关的纯文本，而Java源文件通过编译后生成的类文件（即字节码文件）通过Java虚拟机（JVM）可以在不同的平台上运行，与具体机器指令无关。Java的基本数据类型在设计上不依赖于具体硬件，为程序的移植提供了方便。

（五）多线程

多线程机制使程序代码可以并行执行，使得CPU的运行效率得到充分发挥。程序设计者可以用不同的线程完成不同的子功能，极大地扩展了Java语言的功能。通常有两种方法来创建线程：

（1）使用型构为Thread(Runnable)的构造子类将一个实现了Runnable接口的对象包装成一个线程。

（2）从Thread类派生出子类并重写run方法，使用该子类创建的对象即为线程。

值得注意的是，Thread类已经实现了Runnable接口，因此，任何一个线程均有它的run方法，而run方法中包含了线程所要运行的代码。

Java还有其他的特点（比如动态、高性能等），随着日后的学习会有更深的体会。

三、认识Java应用平台

常用的Java程序分为Java SE、Java EE和Java ME三个版本。

（一）Java SE(Java Platform，Standard Edition)

Java SE以前称为J2SE。它允许开发和部署在桌面、服务器、嵌入式环境和实时环境中使用的Java应用程序。Java SE是基础包，但是也包含了支持Java Web服务开发的类，并为Java Platform和Enterprise Edition(Java EE)提供基础。

（二）Java EE(Java Platform，Enterprise Edition)

Java EE以前称为J2EE。企业版本帮助开发和部署可移植、健壮、可伸缩且安全的服务器端Java应用程序。Java EE是在Java SE的基础上构建的，它提供Web服务、组件模型、管理和通信API，可以用来实现企业级的面向服务体系结构（Service-Oriented Architecture，SOA）和Web 2.0应用程序。

（三）Java ME(Java Platform，Micro Edition)

Jave ME以前称为J2ME。Jave ME为在移动设备和嵌入式设备（如手机、PiDA、电视机顶盒和打印机）上运行的应用程序提供一个健壮且灵活的环境。Java ME包括灵活的用户界面、健壮的安全模型、许多内置的网络协议及对可以动态下载的联网和离线应用程序的丰富支持。基于Java ME规范的应用程序只需编写一次，就可以用于许多设备，而且可以利用每个设备的本机功能。

第二节　安装 Java 开发环境

一、安装 JDK 环境

（一）下载 JDK

下载 JDK 的操作步骤为：

（1）本书使用的 JDK 是 Java SE 14.0.2，首先在浏览器地址栏输入 Oracle 公司官方网址 http：//www.oracle.com/twchnetwork/java/javase/overview/index.html，进入 Oracle 公司网站页面，如图 1-1 所示。

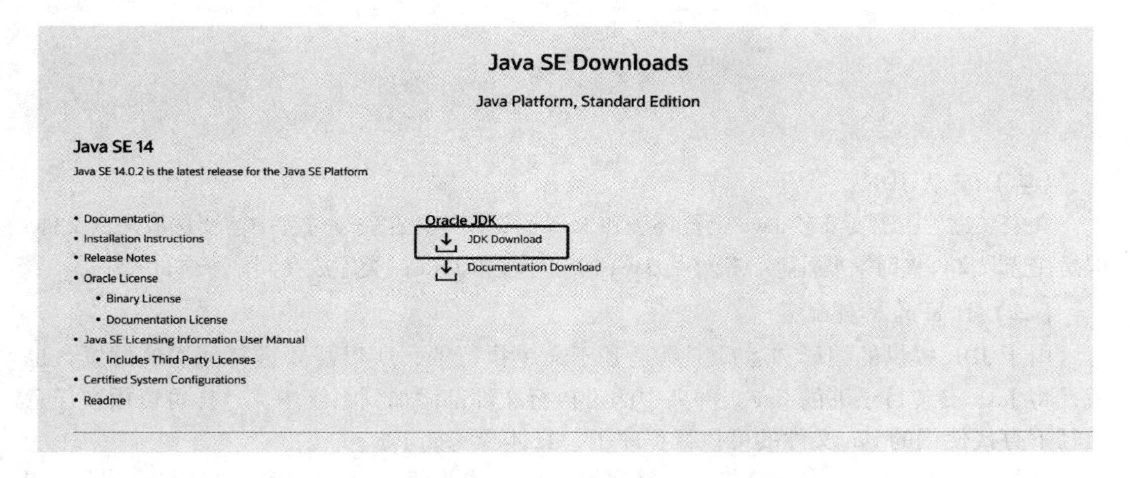

图 1-1　Oracle 官方网页

（2）单击页面中的“JDK Download”按钮，进入下载页面。本书以 Windows 为例，下载 JDK，如图 1-2 所示。单击勾选，进行下载，如图 1-3 所示。

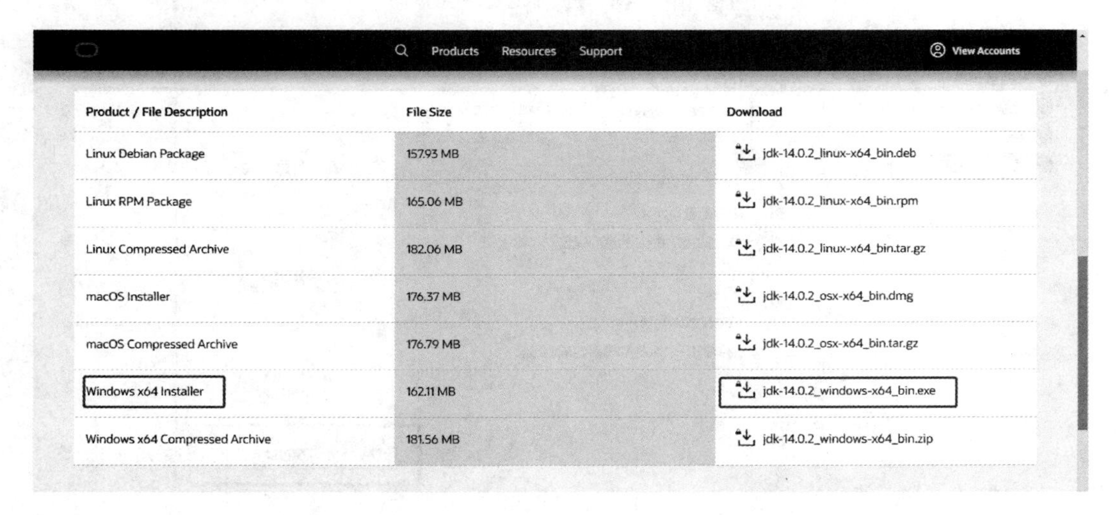

Product / File Description	File Size	Download
Linux Debian Package	157.93 MB	jdk-14.0.2_linux-x64_bin.deb
Linux RPM Package	165.06 MB	jdk-14.0.2_linux-x64_bin.rpm
Linux Compressed Archive	182.06 MB	jdk-14.0.2_linux-x64_bin.tar.gz
macOS Installer	176.37 MB	jdk-14.0.2_osx-x64_bin.dmg
macOS Compressed Archive	176.79 MB	jdk-14.0.2_osx-x64_bin.tar.gz
Windows x64 Installer	162.11 MB	jdk-14.0.2_windows-x64_bin.exe
Windows x64 Compressed Archive	181.56 MB	jdk-14.0.2_windows-x64_bin.zip

图 1-2　JDK 下载列表

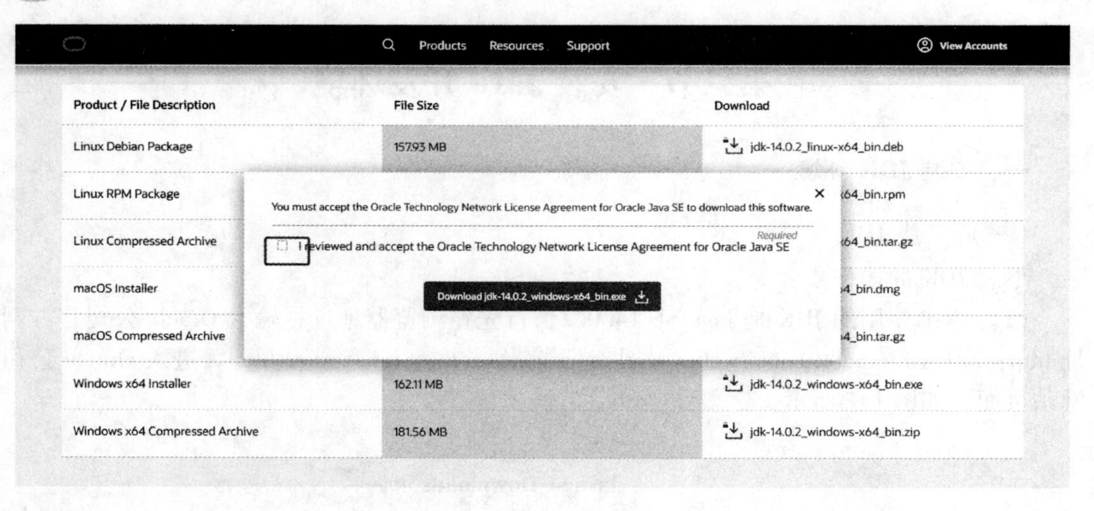

图 1-3　选择版本

（二）安装 JDK

在安装过程中需要安装 Java 运行环境和 Java 的类库等，在安装过程中需要选取两次文件，但是在选取文件夹时需要注意，最好将 Java 运行环境和 Java 的类库放在同一个文件夹中。

（三）JDK 的参数配置

由于 JDK 提供的编译和运行工具是基于命令执行的，所以需要进行环境的配置，也就是将 Java 安装目录下的 bin 文件夹中的可执行文件都添加到系统中，这样可以用在任意路径下直接使用的 bin 文件的可执行程序了，具体步骤如下：

（1）用鼠标右键单击计算机，选择属性，单击“高级”系统设置→“环境变量”，如图 1-4 所示。

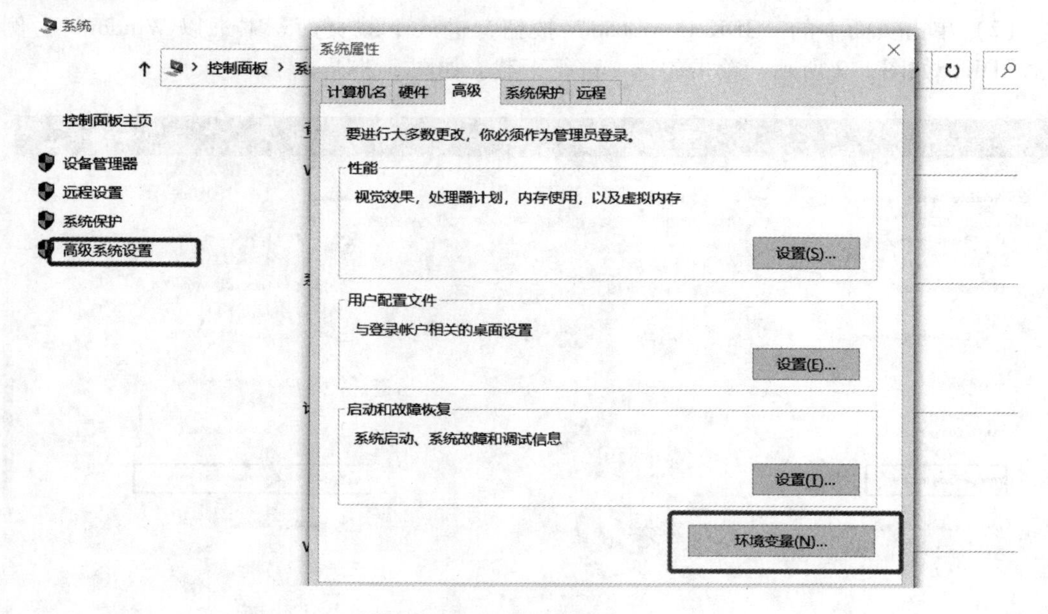

图 1-4　选取系统“高级”选项

（2）在“环境变量”对话框中，可以设置用户变量和系统变量，这里选择设置系统变量，找到Path。单击右面的“新建”，新建内容为“%JAVA_HOME%\bin.”，单击“确定”按钮，如图1-5所示。

图1-5　添加路径至系统变量“Path”中

在配置环境中需要前后都以英文状态下的分号隔开。

（3）在“环境变量”对话框里的“Administrator的用户变量”中单击“新建”按钮，弹出“新建环境变量”对话框（见图1-6），增加“JAVA_HOME”变量。如图1-7所示，在用户变量“JAVA_HOME”中设置变量值为“C:\Program Files\Java\jdk-14.0.2”，单击“确定”按钮完成。

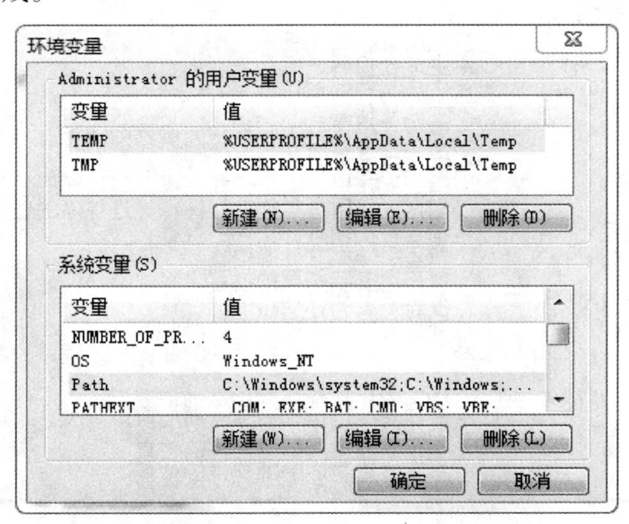

图1-6　新建环境变量“JAVA_HOME”

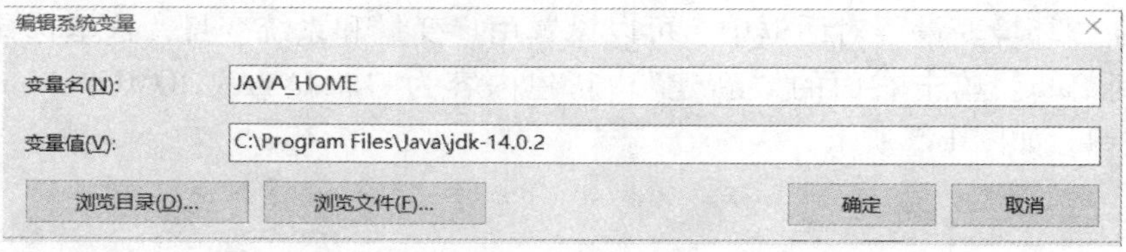

编辑系统变量

变量名(N): JAVA_HOME

变量值(V): C:\Program Files\Java\jdk-14.0.2

浏览目录(D)... 浏览文件(F)... 确定 取消

图 1-7 编辑环境变量“JAVA_HOME”

（4）配置公共的 jre，在 jdk 文件中有专属的 jre 是 Java 供 Java 编译时内部使用的，所以配置需要公共的 jre。先新建 classpath，再将“.;%JAVA_HOME% \lib;”文件书写到变量中，如图 1-8 所示。

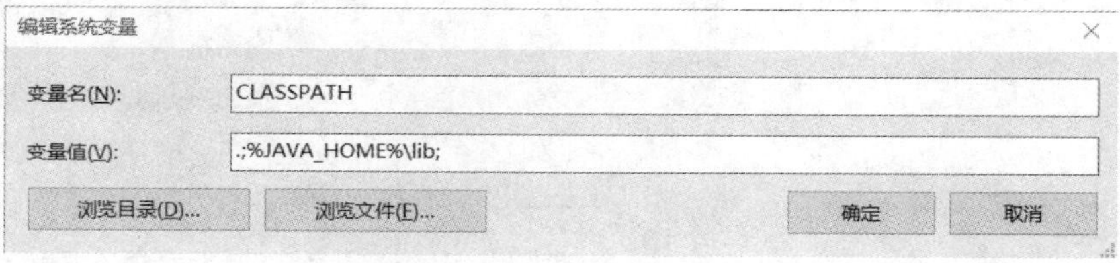

编辑系统变量

变量名(N): CLASSPATH

变量值(V): .;%JAVA_HOME%\lib;

浏览目录(D)... 浏览文件(F)... 确定 取消

图 1-8 将 lib 配置到 classpath

配置完成后,可使用 DOS 窗口类测试是否成功,同时按下〈Win〉键和〈R〉键,在弹出的“运行”窗口中输入“cmd”,单击“运行”按钮,将进入 DOS 环境中。在命令提示符后面直接输入“javac”，并按〈Enter〉键，系统就会输出 javac 的帮助信息，如图 1-9 所示。

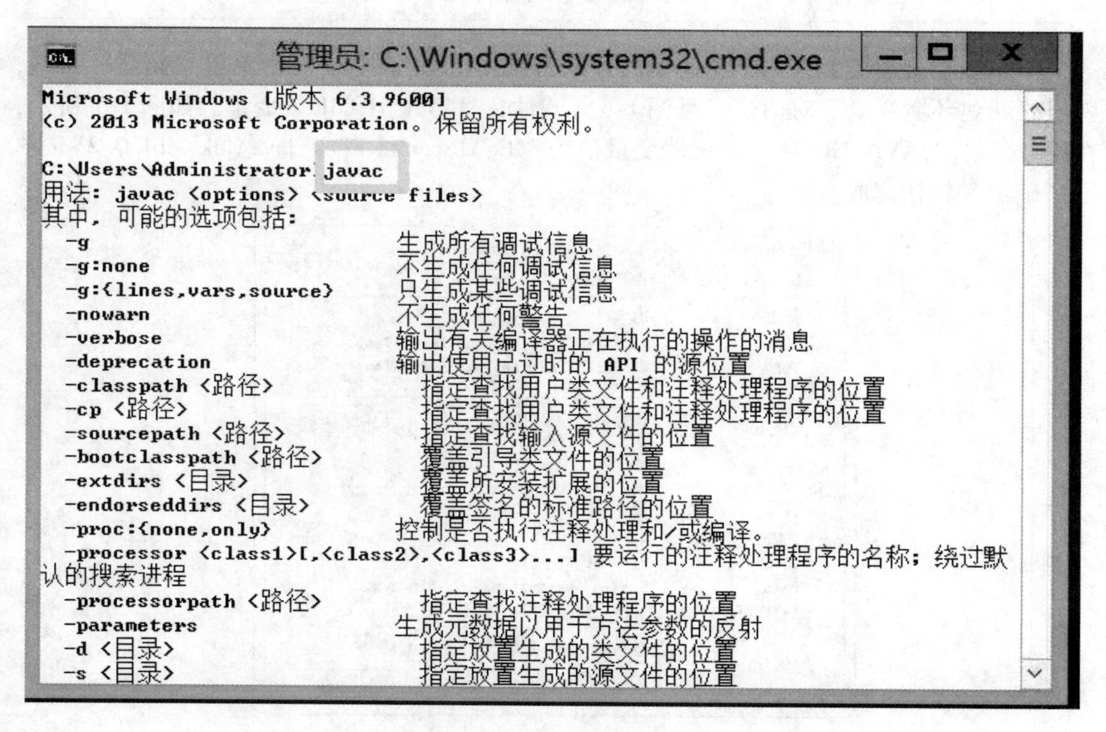

图 1-9 JDK 配置成功

首先在 DOS 中输入 Java 来测试 JDK 是否安装成功，若没有成功需要重新安装。Javac 是测试 JDK 是否配置成功，如配置未成功，也会出现 javac，但不会出现图 1-9 所示的情况，需要检查安装 bin 文件中的 javac. exe 未被激活，双击运行一次就可以了。

二、Eclipse 开发环境

（一）下载 Eclipse

下载 Eclipse 的操作步骤为：

（1）Eclipse 是一个开放源代码的、基于 Java 的可扩展开发平台。可以进入 Eclipse 的官方网站 http：//www. eclipse. org/downloads/进行下载。先单击"Download Packages"，出现下载页面后，再单击 Eclipse IDE for Enterprise Java Developers 右边的"Windows 64-bit"，如图 1-10 所示。

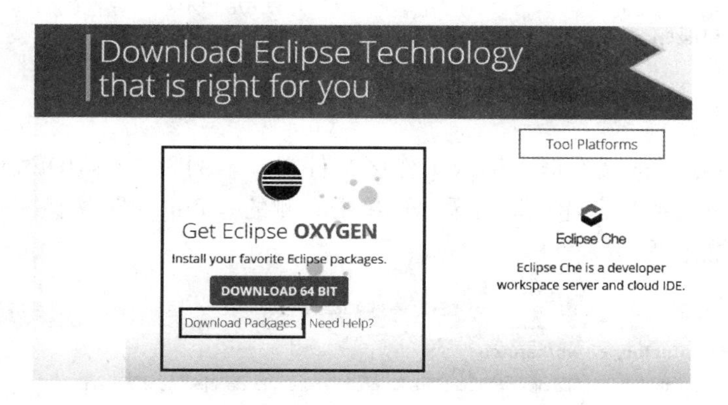

图 1-10　Eclipse 下载页面

（2）进入下一个页面后，单击"Download"，如图 1-11 所示。

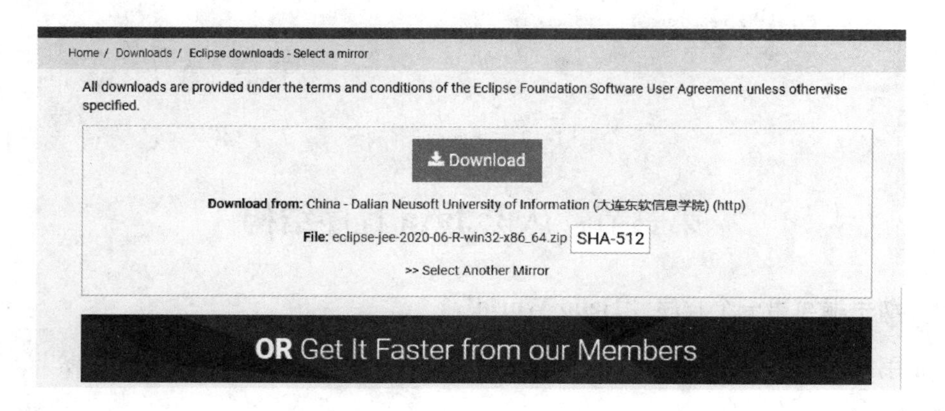

图 1-11　单击 Download 下载

（二）Eclipse 的解压

将“eclipse－jee－2020－06－R－win32－x86_64”软件压缩包放置于 E 盘进行解压，生成目录“E:\Eclipse”。

（三）运行 eclipse. exe 文件

进入目录“E:\Eclipse”，在如图 1-12 所示的窗口中双击运行“eclipse. exe”文件。如果无法启动，则说明 JDK 没有安装好或者“Path”环境变量没有设置正确。

名称	修改日期	类型
.eclipseextension	2017/7/6 20:13	文件夹
configuration	2017/12/14 14:14	文件夹
dropins	2016/2/18 3:43	文件夹
features	2017/7/6 20:13	文件夹
p2	2017/12/14 14:15	文件夹
plugins	2017/7/6 20:13	文件夹
readme	2017/7/6 20:13	文件夹
.eclipseproduct	2016/2/3 10:08	ECLIPSEPRODU
artifacts.xml	2017/5/6 15:41	XML 文档
eclipse.exe	2016/2/18 3:46	应用程序
eclipse.ini	2017/5/6 15:41	配置设置
eclipsec.exe	2016/2/18 3:46	应用程序

图 1-12 运行“eclpise. exe”文件

在如图 1-13 所示的文本框中输入工作区文件夹，本例为“E:\IDE\Eclipse\eclipse－workspace”。应该先到 E 盘建立该目录，再单击右侧的“Browse”按钮来选择。不要手写目录路径，很可能会写错。

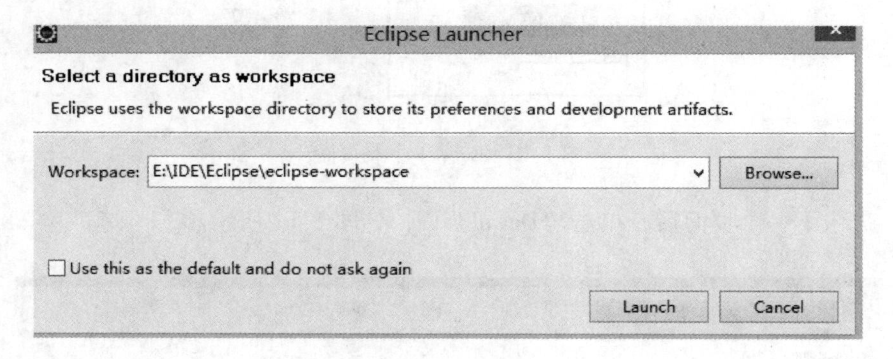

图 1-13 选择存储路径

第三节 认识 Java 程序结构

一、动手编写第一个程序“Hello World”

对于书写的第一个程序，选择 Hello World 为例，目前有两种方式可供选择。

（一）JDK＋记事本

格式如下：

```
public class Helloworld{
  public static void main(String args[] ){
    System.out.println("Hello World!");
}
}
```

注意事项

文件名必须和声明的公共类的类名即“Hello World”保持一致，且扩展名为“.java”；java是区分大小写的。在运行程序时，如e:\myjava，使用记事本编辑输入实验内容中给出的HelloWorld.java程序，并保存在建立的目录中。确保文件的格式是纯文本文件，文件的扩展名为.java。

进入命令窗口（开始\程序\附件\命令提示符），使用操作系统命令将存放HelloWorld.java的目录设为当前目录。

假如存放HelloWorld.java的目录是e：\myjava，则可能的命令是：

```
e:
cd myjava
```

从命令行提示符应该能够看出当前路径是否正确。例子中命令行的提示应该变成：

```
E:\myjava >
编译 HelloWorld.java.
输入命令：javac HelloWorld.java
```

如果没有给出错误信息，则说明编译成功，此时目录中应有文件HelloWorld.class。如果发生错误，可以程序输入有误，应该修改源程序。

1. 执行程序

如果编译成功，即可执行编译好的程序。执行程序的命令是，在命令行状态下输入以下命令：

```
java HelloWorld
```

2. 运行结果

运行结果为：

```
Hello World!
```

（二）Eclipse

其操作步骤为：

（1）新建一个 Class，并填写文件的名称为“HelloWorld”，如图 1-14 所示。

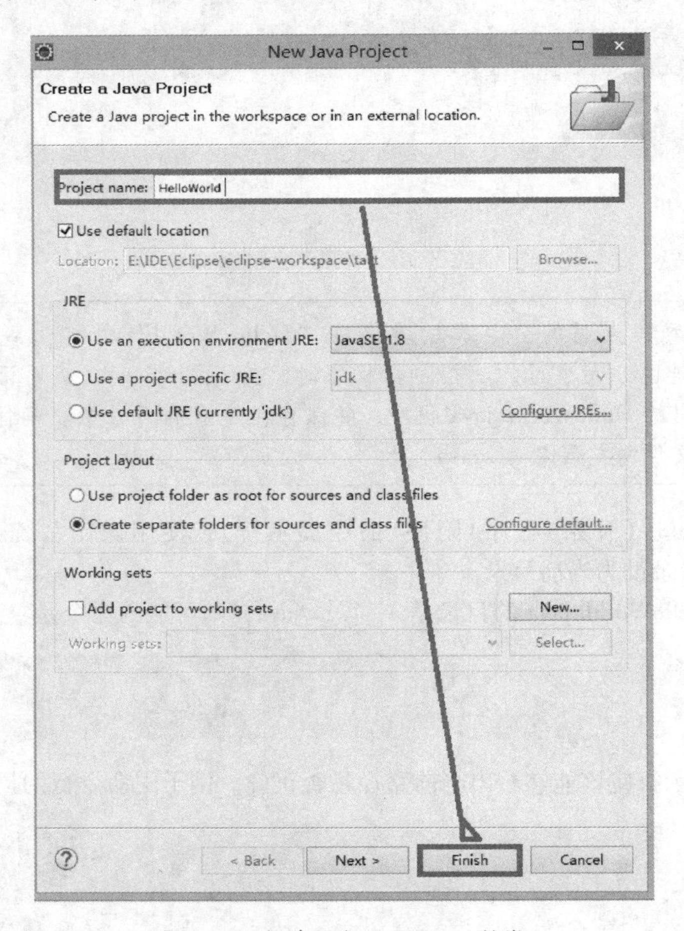

图 1-14 新建一个 HelloWorld 的类

（2）在 HelloWorld 的类中进行编写，并运行程序 ，如图 1-15 所示。

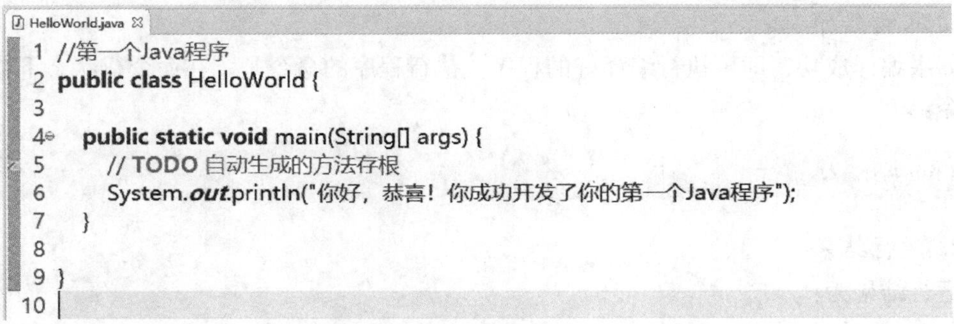

```
HelloWorld.java
1  //第一个Java程序
2  public class HelloWorld {
3
4      public static void main(String[] args) {
5          // TODO 自动生成的方法存根
6          System.out.println("你好，恭喜！你成功开发了你的第一个Java程序");
7      }
8
9  }
10
```

图 1-15 用 Eclipse 编写的 HelloWord

Eclipse 运行可以使用〈Crtl〉+〈F11〉组合键或单击，也可用鼠标右键单击该程序的任意位置，会出现快捷菜单，在快捷菜单中选择“run as java application”，即可运行。

二、Java的运行机制

Java语言的最大特点是“一次编写，到处运行”。这充分反映了Java语言的强大生命力和与平台无关性。一个Java程序编写后，编译器会将源文件（扩展名为“.java”）编译成为二进制的字节码文件（扩展名为“.class”）或类文件，Java的虚拟机支持该字节码文件运行在不同的操作系统中，从而实现了“一次编写，到处运行”。运行过程如图1-16所示。

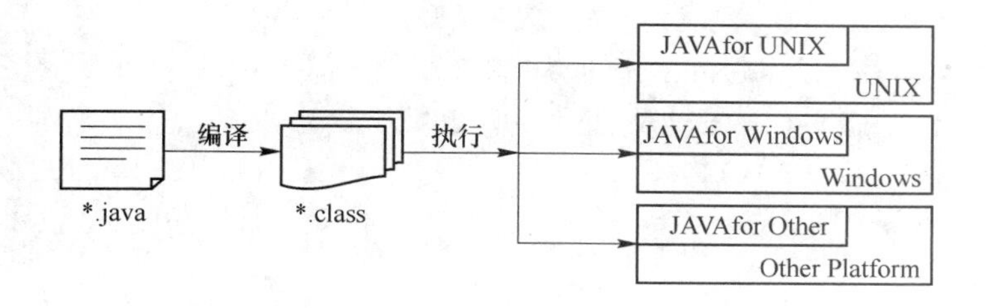

图1-16　Java应用程序的运行机制

程序运行的详细步骤，以HelloWorld为例：

（1）当编译好Java程序得到“HelloWorld.class”文件后，在命令行上输入“java HelloWorld”。系统就会启动一个jvm进程，jvm进程从classpath路径中找到一个名称为“HelloWorld.class”的二进制文件，将HelloWorld的类信息加载到运行时数据区的方法区内，这个过程称为HelloWorld类的加载。

（2）然后JVM找到HelloWorld的主函数入口，开始执行main函数。

（3）开始运行print（）函数。

Java编译和运行的大致流程如图1-17所示。

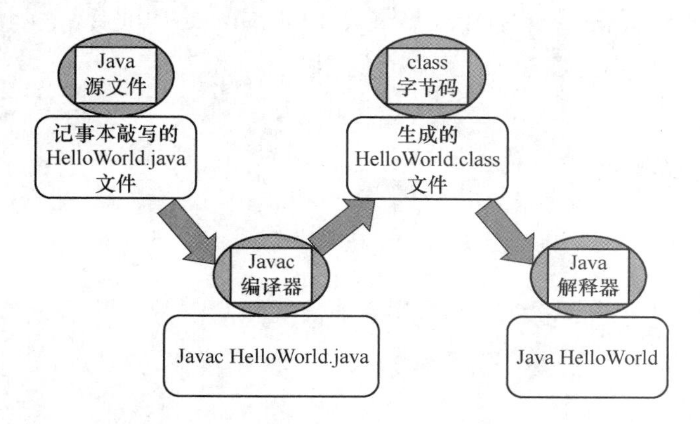

图1-17　Java编译和运行的大致流程

实战训练

（1）输出一首喜欢的唐诗，要求分行显示。代码如下：

```
01  public class MyPoemDemo {
02      public static void main(String[] args) {
03          System.out.println("白日依山尽");
04          System.out.println("黄河入海流");
05          System.out.println("欲穷千里目");
06          System.out.println("更上一层楼");
07      }
08  }
```

【运行结果】

```
白日依山尽
黄河入海流
欲穷千里目
更上一层楼
```

（2）将程序1中的println改成print，输出唐诗。

【运行结果】

```
白日依山尽黄河入海流欲穷千里目更上一层楼
```

（3）一条语句输出一首唐诗。代码如下：

```
01  public class MyPoemDemo {
02      public static void main(String[] args) {
03  System.out.println("白日依山尽\n黄河入海流\n欲穷千里目\n" +
04                                      "更上一层楼");
05
06      }
07  }
```

【运行结果】

```
白日依山尽
黄河入海流
欲穷千里目
更上一层楼
```

Println（）表示输出并换行，\n 是转义字符，表示换行。

（4）应用 Eclipse 编程实现设华氏温度 x 为 78 度，根据转换公式将其转换为摄氏温度，转换成的摄氏温度在屏幕上显示出来，转换公式为摄氏度 =（5/9.0）*（华氏度 -32）。代码如下：

```
01 public class TemperatureChangeDemo {
02     public static void main(String[] args) {
03         int x=78;
04         double y;
05         y=(5/9.0)* (x-32) ;
06         System.out.println("y="+y);
07     }
08 }
```

【运行结果】

```
y=25.555555555555556
```

（5）将程序 4 中的 9.0 改为 9。

【运行结果】

```
y=0.0
```

【程序分析】

改变之后看到显示的结果是 0，那是因为 Java 语言规定：对于除法/，如果两边都为整数，那么结果也取整，所以（5/9）的结果取整为 0。

对/运算符，如果两个数都是整数，那结果就是整数；如果其中有一个是小数，那结果就是小数。

第二章　Java 语法基础及流程控制

任务内容

(1) 了解 Java 语言中的基本数据类型；
(2) 了解标识符、关键字并能区分和书写标识符；
(3) 理解 Java 中的变量与常量；
(4) 掌握 Java 语言运算符的使用；
(5) 掌握 Java 语言数据类型的转换；
(6) 理解 Java 语言复合语句的使用方法；
(7) 掌握条件语句；
(8) 掌握循环语句；
(9) 了解增强 for 循环。

第一节　数据类型

数据类型是语言的抽象原子概念，可以说是语言中最基本的单元定义，在 Java 中本质上将数据类型分为基本数据类型和引用数据类型两种。Java 的数据类型结构如图 2-1 所示。

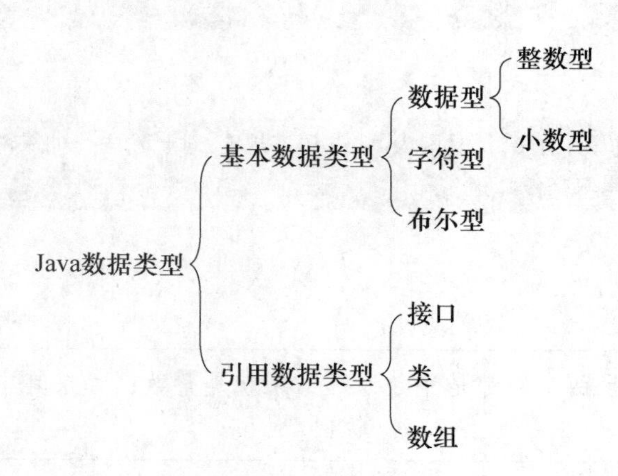

图 2-1　Java 的数据类型结构

一、基本数据类型

不同类型数据的取值及取值范围不同，在内存中所占用的空间也不同。基本数据类型的数据取值范围和所占用的内存空间见表 2-1。

表 2-1　基本数据类型

数据类型	所占空间(字节)	取值范围
布尔型(boolean)	1	false 逻辑假或者 true 逻辑真
字节型(byte)	1	$-128\sim127$
字符型(char)	2	`\u0000`~'\uFFFF'
短整型(short)	2	$-2^{15}\sim(2^{15}-1)$,即 $-32768\sim32767$
整型(int)	4	$-2^{31}\sim(2^{31}-1)$,即 $-2147483648\sim2147683647$
长整型(long)	8	$-2^{63}\sim(2^{63}-1)$
浮点型(float)	4	-3.4E-38~3.4E+38
双精度型(double)	8	-1.7E-308~1.7E+308

(1) 一个字节等于 8 位。

(2) 在 Java 中，布尔数据类型与其他 7 种数据类型不兼容，所以不能进行相互转换。

(3) 字符型数据采用 Unicode 编码，占用两个字节的内存。同 ASCⅡ码字符集相比，Java 的字符型数据能够表示更多字符。表中“\u…”表示采用 Unicode 编码方式。

【示例 A2_01】基本数据类型的应用。代码如下：

```
01  public class NumberDemo{
02      public static void main(String[] args) {
03      int intdata=100;
04      float floatdata=3.14F;
05      double doubledata=3.14;
06      boolean booleandata=true;
07      System.out.println("intdata="+intdata);
08      System.out.println("floatdata="+floatdata);
09      System.out.println("doubledata="+doubledata);
10      System.out.println("booleandata="+booleandata);
11      }
12  }
```

【运行结果】

```
intdata=100
floatdata=3.14
doubledata=3.14
booleandata=true
```

二、引用数据类型

Java 语言本身不支持 C ++ 中的结构（Struct）或联合（Union）数据类型，它的复合数据类型一般都是通过类或接口进行构造的，类提供了捆绑数据和方法的方式，同时可以针对程序外部进行信息隐藏。引用类型是指除基本的变量类型外的所有类型（如通过 class 定义的类型）。所有的类型在内存中都会分配一定的存储空间（形参在使用时也会分配存储空间，方法调用完成后，这块存储空间自动消失），基本的变量类型只有一块存储空间（分配在 stack 中），而引用类型有两块存储空间（一块在 stack 中，一块在 heap 中），在函数调用时，Java 是传值还是传引用，如下面例子：

类 Person，有属性 name，age，带有参的构造方法，

```
Person p = new Person("zhangsan",20);
```

在内存中的具体创建过程如下：

（1）首先在栈内存中为其 p 分配一块空间。

（2）在堆内存中 Person 对象分配一块空间，并为其 3 个属性设初值" " 或 0。

（3）根据类 Person 中对属性的定义，为该对象的两个属性进行赋值操作。

（4）调用构造方法给两个属性赋值为"Tom"，20；（注意这个时候 p 与 Person 对象之间还没有建立联系）。

（5）将 Person 对象在堆内在中的地址，赋值给栈中的 p；通过引用（句柄）p 可以找到堆中对象的具体信息。

基本数据类型被创建时，在栈上给其划分一块内存，将数值直接存储在栈上。

引用数据类型被创建时，首先要在栈上给其引用（句柄）分配一块内存，而对象的具体信息都存储在堆内存上，然后由栈上面的引用指向堆中对象的地址。

三、数据类型的转换

数据类型的转换分为自动转换和强制转换。自动转换是程序在执行过程中“悄然”进行的转换，不需要用户提前声明，一般是从位数低的类型向位数高的类型转换；强制类型转换则必须在代码中声明，转换顺序不受限制。自动转换和强制转换的顺序如图 2-2 所示。

类型自动提升 →

类型	byte	char	short	int	long	flot	double
字节数	1	2	2	4	8	4	8
范围	−1^7~2^7−1	0~2^16−1	−12^15~2^15−1	−2^31~2^31−1	−2^62~2^63−1	−2^128~+2^128	−2^1027~+2^1024

← 需要强制转换

图 2-2　自动转换和强制转换的顺序

（一）强制转换

强制类型转换是从存储范围大的类型到存储范围小的类型。强制类型转换需要使用强制类型转换运算符。

书写格式为：

```
type (<expression>)或(type)<expression>
```

格式解释：

（1）type 为类型描述符，如 int、float 等；

（2）<expression>为表达式。

经强制类型转换运算符运算后，返回一个具有 type 类型的数值，这种强制类型转换操作并不改变操作数本身，运算后操作数本身未改变。

【示例 A2_02】将 double 类型数据强制转换为 int 类型。代码如下：

```
01  public class A2_02 {   //强制类型转换
02      public static void main(String[] args) {
03          int testNo1 = 3;
04          double testNo2 = 7.6;
05          int testNo3 = (int) testNo2 + testNo1;
06     //将 testNo2 的类型强制转换成为 int 型
07          System.out.println(testNo3);
08      }
09  }
```

运行结果

```
10
```

【程序分析】

testNo3 是一个整型数据，但是 testNo2 是一个 double 类型的数据，在计算时，需要显示将 testNo2 转换成为 int 类型的数据，否则会报错。

（二）自动转换

自动转换按从低类型数据到高类型数据的顺序转换。不同类型数据间的优先关系如下：

低——→高

byte -> short(char) -> int -> long -> float -> double

【示例 A2_03】将低类型数据转换为高类型数据。代码如下：

```
01 public class A2_03{
02     public static void main (String[] args) {
03         int testNo1 = 3;
04         byte testNo2 = 3;
05         int testNo3 = testNo2 + testNo1;  //将 testNo2 的类型自动转换成为 int 型
06         System.out.println(testNo3);
07     }
08 }
```

【程序分析】

testNo1 是 int 类型,testNo2 是 byte 类型,当两者进行加法运算时(根据同类型相加结果还是同类型的原则,jvm 会将低类型的先转换成高类型的然后再进行运算,最后的结果高类型)由于 int 的取值范围比 byte 的取值范围大,此时 jvm 会自动将 testNo2 转换成 int 类型。

(1) 如采用"+="、"*="等缩略形式的运算符，系统会自动强制将运算结果转换为目标变量的类型。

(2) 当运算符为自动递增运算符(++)或自动递减运算符(--)时，如果操作数为 byte，short 或 char 类型不发生改变。

第二节 常量与变量

一、常量与变量的类型

(一) 常量

常量表示程序运行过程中不能改变的值。主要有两个作用：

(1) 代表常数，便于程序的修改。

(2) 可以增强程序的可读性。

常量的语法格式如下：

```
final 数据类型 常量名称 =值;
final 数据类型 常量名称1=值1,常量名称2=值2,……,常量名称n=值n;
```

例如：

```
final double A=1.1;
final char A='B', C='D';
```

注意事项

（1）常量的语法格式和变量类型，只需要在变量的语法格式前添加关键字即可。在 Java 编码规范中，要求常量名必须大写。

（2）字符型常量：字符常量是由一对单引号括起来的单个字符，可以是 Unicode 字符集中的任意一个字符；也可以是转义字符或者直接写出的字符编码。常用的转义字符及其代表的含义，见表 2-2。

表 2-2　转义字符

转义字符	Unicode 编码	字符功能
\b	\u0008	退格
\r	\u000d	回车
\n	\u000a	换行
\t	\u0009	水平制表符
\f	\u000c	换页
\′	\u0027	单引号
\″	\u0022	双引号

Unicode 是一个编码方案，Unicode 是为了解决传统的字符编码方案的局限而产生的，它为每种语言中的每个字符设定了统一并且唯一的二进制编码，以满足跨语言、跨平台进行文本转换、处理的要求。Unicode 编码共有三种具体实现，分别为 utf－8，utf－16，utf－32，其中 utf－8 占用一到四个字节，utf－16 占用二或四个字节，utf－32 占用四个字节。Unicode 码在全球范围的信息交换领域均有广泛的应用。

（二）变量

变量是在程序运行中数值可变的量，用于存放运算的中间结果和保存数据。变量依据其所表示的数据对象而具有不同的类型。不同类型的变量占据的内存空间各不相同。使用变量时，必须指出变量的名称和类型，为了给变量分配足够的内存空间。给变量命名时，必须遵守标识符的命名规则，还要考虑变量名的首字符需要小写，变量名前加上变量类型的前缀等。

1. 定义变量的格式

定义变量的格式如下：

```
[<访问修饰符>][<存储修饰符>]<数据类型> <变量名>;
```

格式解释：

（1）[ ] 表示可选项，即访问修饰符和存储修饰符是可选项的。

（2） < >表示必选项，即数据类型与变量名是必选的。

2. 变量的使用范围

变量的有效范围是指程序代码能够访问该变量的区域，如果超出该区域，则编译时会出现错误。

根据变量的有效范围将变量分为：

（1）成员变量（全局变量）。成员变量是指在类体中定义的变量，成员变量在整个类中都是有效的。成员变量分为类变量和实例变量。

类变量可以跨类，甚至可达到整个应用程序之内。除了能在定义它的类内存区外，还能通过“类名.类变量”的方式在其他类中使用。

（2）局部变量。局部变量只在当前代码块中有效。类中声明的变量、方法的参数都属于局部变量。局部变量的生命周期取决于方法。局部变量可与成员变量的名字相同，若成员变量被隐藏，则成员变量暂时失效。

二、关键字

Java的关键字用来表示一种数据类型，或者用来表示程序的结构等，关键字不能用作变量名、方法名、类名、包名和参数。关键字是电脑语言事先定义的，有特别意义的标识符，有时又称保留字，还有表示特别意义的变量。

关键字（keyword）有52个，其中包括两个保留字（Java语言的保留字是指预留的关键字）。

（一）两个保留字

const可用于修改字段或局部变量的声明。它指定字段或局部变量的值是常数，不能被修改。

goto可指定跳转到标签，找到标签后，程序将处理从下一个开始的命令。

（二）50个关键字

50个关键字见表2-3。

表2-3　50个关键字

关键字	关键字	关键字	关键字	关键字
abstract	assert	boolean	break	byte
case	catch	char	class	const
continue	default	do	double	else
enum	extends	final	finally	float
for	goto	if	implements	import
instanceof	int	interface	long	native
new	package	private	protected	public
return	strictfp	short	static	super
switch	synchronized	this	throw	throws
transient	try	void	volatile	while

以上是 Java 中定义的关键字，在 Eclipse 等编译工具中输入关键字时，关键字会自动显示成和其他字符不同的颜色，这样能有效防止用户错误使用关键字作为标识符，所以 Java 中的关键字无须强记。

三、标识符及运算符

（一）标识符的命名规则

标识符的命名规则为：

（1）只能由字母、数字、“_”和“$”符号组成。

（2）不能以数字开头。

（3）区分大小写（X 和 x 是两个不同的标识符）。

（4）标识符不能与关键字相同。

例如，下面是合法的标识符：

```
identifier、userName、User_Name、_sys_value、$change、中国和 i 服了 you。
```

例如，下面是非法的标识符：

```
2mail(以数字开头)、room#(包含非法符号#)及 class(与关键字冲突)。
```

【示例 A2_04】标识符与关键字的应用。代码如下：

```
01  public class SumDemo{
02     public static void main(String[] args) {
03         int x=30;
04         int y=70;
05         int sum=x+y;
06         System.out.println("x+y="+sum);
07     }
08  }
```

【运行结果】

```
x+y=100
```

【程序分析】

程序中 03 至 05 声明了 3 个 int 类型的变量，分别是 x，y，sum，同时给变量 x 和 y 赋初始值 30 和 70。将 x+y 的和赋值给变量 sum，最后打印输出。

（二）算术运算符

Java中6种表示数值的类型可以进行加、减、乘、除和取余的运算，分别使用附号“+”“-”“*”“/”和“%”表示，它们被称为算术运算符（Arithmetic Operator）。

在编程语言中，算术运算也是先算乘除后算加减的，但在优先级相同的情况下，严格按照从左到右的顺序执行。可以使用圆括号来改变运算符的优先级。例如，下面两条语句：

```
System.out.println(1+2*3);
System.out.println((1+2)*3);
```

它们的输出结果分别是7和9。

注意事项

在Java中，整数除法运算的结果依然是整数。

（三）赋值运算符

赋值运算符号是“=”，即将右边表达式的值赋给左边的变量。

如果有这样的操作，一个变量加上某个值之后，将结果再赋值给这个变量本身，例如：

```
count9 = count9 + count1;
```

就可以将代码改写为：

```
count9  + = count1;
```

这种赋值运算被称为复合赋值运算，表2-4列举了算术运算的复合赋值运算。

表2-4 复合赋值运算

复合赋值运算符	范　例	非复合形式
+ =	a + = b;	a = a + b;
- +	a - = b;	a = a - b;
* =	a * = b;	a = a * b;
/ +	a / = b;	a = a / b;
% =	a % = b;	a = a % b;

（四）关系运算符

关系运算符用于对两个表达式进行比较，返回布尔型的结果true或者false。一般与条件运算符共同构成判断表达式，用作分支结构或者循环结构的控制条件。关系运算符及其用途和相关说明见表2-5。

表 2-5　关系运算符

运算符	用　途	举例	说　明
>	表达式 1 > 表达式 2	i > 100	i 大于 100，返回 true，否则，返回 false
<	表达式 1 < 表达式 2	i < 100	i 小于 100，返回 true，否则，返回 false
> =	表达式 1 > = 表达式 2	i > = 128	i 大于等于 128，返回 true，否则，返回 false
< =	表达式 1 < = 表达式 2	i < = 10	i 小于等于 10，返回 true，否则，返回 false
= =	表达式 1 = = 表达式 2	i = = 80	i 等于 81，返回 true，否则，返回 fals
! =	表达式 1! = 表达式 2	i! = 9	i 不等于 9，返回 true，否则，返回 fale

注意事项

"= =" 运算符是用来比较两个值是否相等的，而 "=" 在编程语言中是赋值运算。

（五）逻辑运算符

Java 定义了 3 种逻辑运算符，分别是 &&、|| 和 !。逻辑运算的操作数是 boolean 类型的，返回值同样为 boolean 类型。

（1）逻辑"与"（&&）运算符。运算符两边都为 true 的时候，结果才为 true，其他情况下都为 false。

（2）逻辑"或"（||）运算符。运算符两边有一个为 true，结果就为 true；只有都是 false 的时候，结果才为 false。

（3）逻辑"非"（!）运算符。这是一个单目运算符，只需要一个运算操作数用来取相反值，也就是把 true 变为 false，或者把 false 变为 true。

【示例 A2_05】逻辑运算的应用。代码如下：

```
01 public class A2_05 {
02     public static void main(String[] args) {
03         int x = 101;
04         int y = 111;
05         int z = 121;
06  System.out.println(x > y && y < z);  //逻辑与
07    System.out.println(x < y || y < z);  //逻辑或
08    System.out.println(! (x < y));  //逻辑非
09    }
10 }
```

【运行结果】

```
false
true
false
```

（六）位运算符

在Java中存在着这样一类操作符，它是针对二进制进行操作的。它们分别是“&”“|”“^”“~”“> >”“< <”和“> > >”位操作符。不管是初始值是依照何种进制，都会换算成二进制进行位操作。位运算符见表2-6。

表2-6　位运算符

<table>
<tr><th>位运算符</th><th>名　称</th><th>示　例</th><th>用　法　实　例</th></tr>
<tr><td>&</td><td>按位与</td><td>a & b</td><td>如果相对应位都是1，则结果为1，否则为0</td></tr>
<tr><td>|</td><td>按位或</td><td>a | b</td><td>如果相对应位都是0，则结果为0，否则为1</td></tr>
<tr><td>~</td><td>取反</td><td>~a</td><td>按位取反运算符翻转操作数的每一位，即0变成1，1变成0</td></tr>
<tr><td>^</td><td>按位异或</td><td>a ^ b</td><td>如果相对应位值相同，则结果为0，否则为1</td></tr>
<tr><td>< <</td><td>左移</td><td>a < < b</td><td>按位左移运算符。左操作数按位左移右操作数指定的位数</td></tr>
<tr><td>> ></td><td>右移</td><td>a > > b</td><td>按位右移运算符。左操作数按位右移右操作数指定的位数</td></tr>
<tr><td>> > ></td><td>特殊右移</td><td>a > > > b</td><td>按位右移补零操作符。左操作数的值按右操作数指定的位数右移，移动得到的空位以零填充</td></tr>
</table>

【示例A2_06】使用位运算符对数据进行运算，并将运算结果输出。代码如下：

```
01  public class A2_06
02      public static void main (String[ ] args) {
03         int a = 60;/*  60  = 0011 1100 * /
04         int b = 13;/*  13  = 0000 1101 * /
05         int c = 0;
06         c = a & b;/*  12  = 0000 1100 * /
07         c = a | b; /*  61  = 0011 1101 * /
08         c = a ^ b;/*  49  = 0011 0001 * /
09         c =  ~a'/*  -61 =1100 0011 * /
10         c = a < < 2;/*  240  = 1111 0000 * /
11         c = a > > 2;/*  15  = 1111 * /
12         c = a > > > 2;/*  15  = 0000 1111* /
13         System.out.println("a & b = " + c );
14         System.out.println("a | b = " + c );
15         System.out.println("a ^ b = " + c );
16         System.out.println("~ a = " + c );
17         System.out.println("a < < 2 " + c );
18         System.out.println("a > > > 2 = " + c );
19         System.out.println("a > > 2 = " + c );
20      }
21  }
```

【运行结果】

```
a & b = 15
a | b = 15
a ^ b = 15
 ~ a = 15
a < < 2 = 15
a > > > 2 = 15
a > > 2 = 15
```

（七）Java 程序注释

注释是用来对程序中的代码进行说明，帮助程序员理解程序代码，以便对代码进行调试和修改。在系统对源代码编译时，编译器将忽略注释部分的内容。Java 语言有 3 种注释方式：

（1）以“//”分隔符开始的注释，用来注释一行文字。

（2）以“/＊ … ＊/”为分隔符的注释，可以将一行或多行文字说明作为注释内容。

（3）以“/＊＊ … ＊/”为分隔符的注释，用于生成程序文档中的注释内容。

（八）Java 的分隔符

在编写程序代码时，为了标识 Java 程序各组成元系的起始和结束，通常要用到分隔符。Java 语言有两种分隔符：空白符和普通分隔符。

空白符有包括空格、回车、换行和制表符等符号，用来作为程序中各个基本成分间的分隔符，各基本成分之间可以有一个或多个空白符，系统在编译程序时，忽略空白符。

普通分隔符也用来作为程序中各个基本成分间的分隔符，但在程序中有确定的含义，不能忽略。Java 语言有以下普通分隔符：

（1）“{ }”（大括号）。该分隔符可用来定义复合语句（语句块）、方法体、类体及数组的初始化。

（2）“;”（分号）。该分隔符可作为语句结束标志。

（3）“,”（逗号）。该分隔符可作为分隔方法的参数和变量说明等。

（4）“:”（冒号）。该分隔符为说明语句标号。

（5）“[ ]”（中括号）。该分隔符可用来定义数组或引用数组中的元素。

（6）“( )”（圆括号）。该分隔符可用来定义表达式中运算的先后顺序；或者在方法中将形参或实参括起来。

（7）“.”。该分隔符可用于分隔包,或者用于分隔对象和对象引用的成员方法或变量。

第三节 Java 语言的流程控制

一、if…else 语句

语法格式如下：

```
if (条件){
  当条件为 true 时执行的代码;
  }else{
  当条件不为 true 时执行的代码;
  }
```

格式解释：

（1）if：该语句是一个条件语句。

（2）( )：包含的表达式。

（3）条件：要求 if 中返回一个布尔类型的值。

注意事项

if 分支的圆括号中表达式计划处的结果必须是 true 或者 false，因为 Java 的布尔类型与其他类型不兼容。

【示例 A2_07】输出指定年份中指定月份的天数。代码如下：

```
01 public class IfElse2Demo{
02     public static void main(String[] args) {
03     int year = 1994;  //指定为 1994 年
04     int month = 6;  //指定月份为 6 月
05     int numberOfDaysInMonth = 0;
06
07     if(month == 1 || month == 3 || month == 5 ||
08             month == 7 || month == 8 || month == 10 || month ==
09      12) {
10      numberOfDaysInMonth = 31;
11     } else if (month == 2) {
12      boolean leepYear = year % 4 == 0 && year % 100 != 0 ||
13                  year % 400 == 0;
14      numberOfDaysInMonth = leepYear ? 29 : 28;
15     } else {
16      numberOfDaysInMonth = 30;
17     }
18
19 System.out.println(numberOfDaysInMonth + " days in " + month + " / " + year);
20     }
21 }
```

【运行结果】

```
30 days in 6 / 1994
```

【程序分析】

代码 07 至 17 是分支结构的嵌套，代码 07 至 10 判断如果月份是 1、3、5、7、8、10 和 12，那么天数为 31；代码 11 至 14 判断如果月份是 2，则继续判断该年份是否为闰年，如果是则 2 月份天数为 29，否则为 28；代码 15 至 16 表示其他月份天数为 30。

二、switch 语句

语法格式如下：

```
switch(表达式){
case 常量值1:{ 语句块1 } break;
case 常量值2:{ 语句块2 } break; …
case 常量值N:{ 语句块N } break;
default:{ 语句块 }
}
```

格式解释：

（1）case：后面跟的是要和表达式进行比较的。

（2）break：中断、结束的意思，可以结束 Switch 语句。

（3）default：所有情况都不匹配时，就执行该处的内容。

程序执行时遇到 switch，会将 switch 圆括号中表达式的值依次与下面每一个 case 后面的常量值做比较，如果不相等则跳到下一个 case，如果相等则从这个 case 开始执行，直到遇到 break，然后跳出 switch 结构。如果表达式的值与所有的 case 值都不相等，就会执行 default 分支。

【示例 A2_08】用 switch 分支来替换【示例 A2_07】中 if 分支的部分。代码如下：

```
01  public class SwitchCaseDemo{
02     public static void main(String[] args) {
03     int year = 1994;
04     int month = 6;
05     int numberOfDaysInMonth = 0;
06
07  switch(month) {
08  case 1:
09  case 3:
10  case 5:
11  case 7:
12  case 8:
13  case 10:
14  case 12:
15      numberOfDaysInMonth = 31;
16      break;
17  case 2:
18      boolean leepYear = year % 4 == 0 && year % 100 != 0 ||
19                     year % 400 == 0;
20      numberOfDaysInMonth = leepYear ? 29 : 28;
21      break;
```

```
22  default:
23      numberOfDaysInMonth = 30;
24  }
25  System.out.println(numberOfDaysInMonth + " days in " + month +
26                  "/ " + year);
27    }
28  }
```

【运行结果】

```
30 days in 6 / 1994
```

注意事项

(1) 后面小括号中表达式的值必须是整型或字符型。

(2) case后面的值可以是常量数值，如1、2；也可以是一个常量表达式，如2+2。但不能是变量或带有变量的表达式，如a*2。

(3) case匹配后，执行匹配块里的程序代码，如果没有遇见break语句块会继续执行下一个的case语句块的内容，直到遇到break语句块或者switch语句块结束。

三、while循环

While关键字的中文意思是"当……的时候"，也就是当条件成立时循环执行对应的代码。语法格式如下：

```
while(表达式) {
        循环体;
  }
```

格式解释：

(1) while：这是一个while语句。

(2) 表达式：返回一个布尔类型的值。

(3) 循环体：当表达式一直成立时，会一直执行循环体，可以在循环中加入条件控制循环。

执行while语句，首先判断循环条件，如果循环条件为false，直接执行while语句后续的代码，如果循环条件为true，则执行循环代码，然后再判断循环条件，一直到循环条件不成立为止。

【示例A2_9】while语句输出0~9这10个数字，程序实现的原理是使用一个变量代表0~9间的数字，每次输出该变量的值，则对该变量的值加1。变量的值从0开始，只要小于数字10就执行该循环。代码如下：

```
01  public class A2_9 {
02      public static void main (String[ ] args) {
03          int i = 0;
04          while(i < 10) {
05                  System.out.println(i);  //输出变量的值
06                  i ++;  //变量的值增加 1
07          }
08      }
09  }
```

【运行结果】

```
0
1
2
3
4
5
6
7
8
9
```

四、do…while 语句

do…while 循环又称为“直到型循环”，意指直到某种条件不成立时循环才终止执行。语法格式如下：

```
do{
    语句块
} while(条件表达式);
```

格式解释：

（1）do…while：是 do…while 语句。

（2）语句块：是重复执行的代码部分。

do…while 语句先执行循环体中的语句块，再计算 while 后面的条件表达式。若条件表达式为 true，则继续执行语句块，否则跳出循环执行 while 后面的语句。

do…while 语句与 while 语句的区别之处在于：do…while 先执行语句块，后进行条件判断，因此语句块至少被执行一次；while 语句先判断条件表达式，如果一开始循环条件即不满足，循环体可能得不到执行。

【示例 A2_10】用 do…while 语句，求 0 ~ 20 之间的某个随机整数的阶乘。代码如下：

```
01  import java.util.Random;   //导入 Random 类
02  public class A2_10
03     public static void main(String [] args){
04        Random r = new Random();   //创建 Random 类对象
05        float fX = r.nextFloat();   //取得随机浮点数
06        int iN = Math.round (21* fX);   //取得随机整数
07        long lResult = 1l;   //存放阶乘结果
08        int iK = 1;   //定义循环变量,并赋初值
09        do{   //循环体开始
10           lResult* = iK ++;   //循环体
11        }while(iK < = iN);   //判断表达式,结果为 false 循环结束
12        /* 循环结束* /
13        System.out.println(iN + " ! = " = lResult);
14     }
15  }
```

【运行结果】

```
4! =24
```

五、for 语句

for 语句也是在条件成立情况下反复执行某段程序代码，语法格式如下：

```
for(初始化表达式;条件表达式;循环变量表达式){
    语句块
}
```

格式解释：

（1）for：代表执行的是一个 for 循环体。

（2）初始化表达式：一个可以初始化的控制循环的变量。

（3）条件表达式：控制循环的条件。

（4）语句块：在条件表达式为 true 时执行，在条件表达为 false 时不执行。

初始化表达式只在循环开始时执行一次；条件表达式决定循环执行的条件，每次循环开始时计算该表达式，当表达式返回值为 true 时，执行循环，否则循环结束；而循环变量表达式是在每次循环结束时调用的表达式，用以改变条件表达式中变量的值，结果返回给条件表达式，如果条件表达式值为 false，则退出循环，否则，继续执行语句块。

以上三个表达式是可靠部分，如果 for 语句中没有这三个表达式，便构成一个无限循环；在循环体中，应使用其他控制语句使程序能够适时结束循环。

【示例 A2_11】求 5 个随机实数的和。代码如下：

```
01  import java.util.Random;
02  public class A2_11 {
```

```
03      public static void main(String[ ] args){
04         Random r = new Random();
05         float sum = 0;
06         for(int i = 0;i < 5;i ++){  //循环体开始
07             float x = r.nextFloat();
08             sum + = x;
09             System.out.println("x" = + x + "\ t \tsum = " + sum);
10         } //循环体结束
11      }
12  }
```

【运行结果】

程序运行结果为：

```
x = 0.9236592           sum = 0.9236592
x = 0.18248057          sum = 1.1061398
x = 0.11676085          sum = 1.2229006
x = 0.69475585          sum = 1.9176564
x = 0.67241156          sum = 2.5900679
```

【程序分析】

循环变量初值为0，满足 i < 5，进行第 1 次循环；第 1 次循环结束后，计算表达式 i ++，使 i = 1，此时判断 i < 5，依然成立，继续下一次循环。如此反复，直到 i = 5 时，条件表达式值为 false，结束循环，执行输出语句。

六、其他控制语句

（一）break 语句

Break 在 switch 语句中，用于结束 switch 语句；而在循环语句中，break 语句用于跳出循环体。如果是循环嵌套的情况下，break 语句用于跳出当前循环。

【示例 A2_12】计算 1 ~ 9 整数的平方。代码如下：

```
01  public class A2_12 {
02     public static void main(String[ ] args) {
03         int i = 0;
04         while(true){  //条件永远为真，循环开始
05           i ++;
06           if(i = = 10){  //当 i 超过 9 时，结束循环
07                System.out.println("OK,run break.");
08                break;  //执行该语句跳出 while 循环
09           }
10           System.out.print(i + " *  " + i + " = " + i* i + " ");
```

```
11            }  //循环结束
12            System.out.println("Encounter break!");   //跳出循环执行的第 1 条语句
13        }
14    }
```

【运行结果】

```
    1* 1 =1 2* 2 =4 3* 3 =9 4* 4 =16 5* 5 =25 6* 6 =36 7* 7 =49 8* 8 =64 9* 9 =81 Ok,run
break.
    Encounter break!
```

【程序分析】

while 循环语句中的表达式为 true,即值永远为真。如果循环体中没有跳出循环的语句,程序将无限循环下去。当 i 值为 10 时,执行 break 语句,使程序跳过计算平方的语句,转到 while 循环后的第 1 条语句继续执行。

（二） continue 语句

Continue 语句用于跳过当前循环体中该语句后的其他语句，转到循环开始，并继续判断条件表达式的值，以此决定是否继续循环。

【示例 A2_13】continue 的应用。代码如下：

```
01  public class A2_13 {
02      public static void main(String[ ] args) {
03          int counter = 1;
04          for (counter = 1; counter < = 10; counter ++) {
05              if (counter = = 5) {
06                  continue;
07              }
08              System.out.printf("% d ", counter);
09          }
10          System.out.printf("\n 循环结束 counter 的值:% d", counter);
11      }
12  }
```

【运行结果】

```
1 2 3 4 5 6 7 8 9 10
循环结束 counter 值:11
```

【程序分析】

当 counter 等于 5 的时候,执行代码 06 的 continue,跳过循环体中本次迭代还没有执行的代码 08,直接进行循环的下一次迭代。

（三）reture 语句

return 关键字并不是专门用于跳出循环的，return 的功能是结束一个方法。一旦在循环体内执行到一个 return 语句，return 语句将会结束该方法，循环自然也随之结束。与 continue 和 break 不同的是，return 直接结束整个方法，不管这个 return 处于多少层循环内。

【示例 A2_14】使用 return 结束方法。代码如下：

```
01 public class A2_14 {
02     public static void main(String[] args){
03         int a = 3;
04         for (int i = 0; i < = 5; i ++){
05             if(i = = a){   //当 i = = a 时,跳出方法
06                 return;  //当 i = = a,return 的作用
07             }
08             System.out.println (i);
09         }
10         System.out.println("程序到这就结束了!!!");
11     }
12 }
```

【运行结果】

```
0
1
2
```

return 从当前的方法中退出，返回到该调用的方法的语句处，继续执行。以下是 return 语句的总结：

（1）return 返回一个值给调用该方法的语句，返回值的数据类型必须与方法声明中的返回值的类型一致，可以使用强制类型转换与数据类型一致。

（2）return 方法说明中用 void 声明返回类型为空时，应使用这种格式，不返回任何值。

1. 自增运算符

（1）++ 后置（++ 运算符号在后面）：先取变量值进行赋值，之后再对变量做自加 1 的操作。

（2）++ 前置（++ 运算符号在前面）：先对变量做自加 1 的操作，再取变量的值进行赋值。

2. 自减运算符

（1） --后置（--运算符号在后面）：先取变量值进行赋值，之后再对变量做自减 1 的操作。

（2） --前置（--运算符号在前面）：先对变量做自减一操作，再取变量的值进行赋值。

实战训练

（1）编程求解。原题是今有物不知其数（设为 x，范围在 1 ~ 1000），三三数之剩二（x 除以 3 余数为 2），五五数之剩三，七七数之剩二，问物几何？代码如下：

```
01 public class PuzzleDemo {
02     public static void main(String[] args) {
03 
04         for(int x = 1;x < = 1000;x ++){
05         if(x% 3 = = 2&&x% 5 = = 3&&x% 7 = = 2)
06         System. out. println("该数为" + x);
07         }
08     }
09 }
```

【运行结果】

```
该数为 23
该数为 128
该数为 233
该数为 338
该数为 443
该数为 548
该数为 653
该数为 758
该数为 863
该数为 968
```

【程序分析】

程序代码 04 中的 for 是循环结构，代表 x 依次取值 1 ~ 1000；代码 05 中的 if 是分支结构；% 代表取余数操作；= = 判断两边的值是否相等；&& 表示 3 个条件需要同时满足。

（2）根据输入的分数 score（例如，从键盘输入分数为 98.0），输出相应分数的等级。如果 score 大于等于 90，输出 A；大于等于 80 小于 90，输出 B；大于等于 70 小于 80，输出 C；大于等于 60 小于 70，输出 D；低于 60，输出 E。代码如下：

```
01 import java.util.Scanner;
02   public class ScoreDemo1 {
03    public static void main(String[] args) {
04        Scanner input = new Scanner(System.in);
05
06        System.out.print("Please input a score: ");
07        double score = input.nextDouble();
08
09        if (score >= 90.0) {
10           System.out.println('A');
11        } else if (score >= 80) {
12           System.out.println('B');
13        } else if (score >= 70) {
14           System.out.println('C');
15        } else if (score >= 60) {
16           System.out.println('D');
17        } else {
18           System.out.println('E');
19        }
20    }
21 }
```

【运行结果】

```
Please input a score:
98.0
A
```

（3）用 switch 结构来完成示例程序 2。代码如下：

```
01 import java.util.Scanner;
02   public class ScoreDemo2 {
03     public static void main(String[] args) {
04         Scanner input = new Scanner(System.in);
05
06         System.out.print("Please input a score: ");
07         double score = input.nextDouble();
08
09         switch ((int)(score/10)) {
10         case 10:
11         case 9:
12            System.out.println('A');break;
```

```
13          case 8:
14            System.out.println('B');break;
15          case 7:
16            System.out.println('C');break;
17          case 6:
18            System.out.println('D');break;
19          default:
20            System.out.println('E');
21            break;
22          }
23      }
24  }
```

【运行结果】

```
Please input a score:
98.0
A
```

【程序分析】

该程序应用的是switch()结构,其中代码09中(int)(score/10)表示对分数取整,例如,从键盘输入分数为98.0,那么(int)(98.0/10)的值是9,输出A。

(4) 完善示例程序3,当从键盘输入分数为101.0的时候,输出错误提示信息。

【运行结果】

```
Please input a score:
101.0
score is 101.000000, illegal.
```

【程序分析】

代码09应用if分支结构来判断输入是否合法。

第三章　Java 面向对象

任务内容

(1) 了解面向对象编程思想；

(2) 掌握如何定义类、类的成员；

(3) 掌握类与对象之间的关系；

(4) 掌握构造方法和方法重载；

(5) 掌握 this 和 static 关键字；

(6) 掌握继承、重写、对象转型与多态的关系；

(7) 掌握抽象类、接口、Object 类。

第一节　类与对象

一、类的定义及书写方法

为了更好地分析和解决问题，人们通常将事物按照特征进行分类，属于同一个类的对象拥有相同的特征属性和行为。Java 用类来描述对象的共同特征属性和行为。共同的特征属性表现为数据成员变量，共同的行为表现为数据成员方法。对于类，也可以理解为它是一个新的数据类型。其语法格式如下：

```
[修饰符] class <类名> [extends 父类名] [implements 接口列表]{
类体
}
```

格式解释：

(1) 修饰符为可选，用于指定类的访问权限，可选值是 public、abstract 和 final。

(2) class 为定义类的关键字。

(3) 类名为必选，用于指定类的名称。类名必须符合合法的 Java 标识符定义。

(4) extends 父类名为可选，用于指定类继承于哪个父类。

(5) implements 接口列表为可选，用于指定类实现哪些接口。

(6) {类体} 包含从类创建的对象生命周期内的所有代码，如构造方法、类的数据成员变量的声明和类的方法等。

(一) 数据成员变量的声明

Java 用成员变量来表示类的状态和属性。

语法格式：

```
[修饰符][static][final] <变量类型> <变量名>;
```

格式解释：

（1）修饰符为可选，用于指定变量的被访问权限，可选值是public、protected或private。

（2）static为可选，用于指定该成员变量是静态变量，可以直接通过该类的名称访问。

（3）final为可选，用于指定该成员变量是值不能改变的常量。

（4）变量类型为必选，用于指定变量的数据类型。

（5）变量名为必选，用于指定成员变量的名称，名称必须符合合法的Java标识符规定。

（二）成员方法的声明

语法格式如下：

```
[修饰符] <方法返回值类型> <方法名>([参数列表]){
方法体
}
```

格式解释：

（1）修饰符为可选，用于指定方法的被访问权限，可选值是public、protected或private。

（2）方法返回值类型为必选，用于指定方法的返回值类型，如果没有返回值，那么用关键字void。

（3）方法名为必选，用于指定方法的名称，名称必须符合合法的Java标识符规定。

（4）参数列表为可选，用于指定方法中的参数。

（5）{方法体}为可选，方法的实现部分。注意，当方法体省略时，大括号不能省略。

【示例A3_01】定义Student类。代码如下：

```
01 class Student {
02    private String name ;  //声明姓名属性
03    public void setName(Strinig n){  //设置姓名方法
04        name = n ;
05    }
06    pubilc String getName(){  //获取姓名方法
07        return name;
08    }
09 }
10 public class A3_01
11    public static void main(String args[]){  //主方法,程序入口点
12        Student stu = new Student() ;  //声明学生对象
13        stu.setName("William")  //引用对象方法,设置姓名
14        System.out.println("学生姓名:" + stu.getName());  //引用对象方法,显示
姓名
15    }
16 }
```

【运行结果】

```
学生姓名:William
```

二、对象的创建及使用

（一）创建对象

类是一种数据类型，对象相当于这种数据类型的变量，它在使用前要先定义或者声明。

声明类的对象之后，并没有创建该对象，此时对象的值为 null。这和定义基本类型的变量相似，不同之处在于：基本数据类型的变量在声明之后，即使没有初始化，变量有一个初始值，如整型变量的初始值为 0，布尔型变量的初始值为 false；而类对象的初始值却为 null。要想让对象指向某一具体值，需要用类的构造方法创建对象。

以 per 为例，创建方法如下：per = new Person（"孙漂亮"，18）；

也可以在声明对象的同时创建该对象，例如：Person per = new Person（"孙漂亮"，18）;。

（二）使用对象

声明变量是为了在程序中使用变量，同样创建对象也是为了使用对象。同基本类型变量不同之处在于：基本类型的变量包含的信息相对简单，而对象中包含了属性和处理属性的方法。使用对象属性和方法，采用以下形式：对象名称．属性或者方法。可以同时创建多个对象，每个对象会分别占据自己的空间，如【示例 A3_02】。

【示例 A3_02】定义 Student 类。代码如下：

```
01  class Student{
02     int age;  //声明年龄属性
03     void getAge(){  //获取年龄方法
04         System.out.println("学生年龄:"+age);  //输出年龄值
05     }
06  }
07  public class A3_02{
08     public static void main(String args[]){  //主方法,程序入口点
09         Student stu1 = new Student() ;  //声明学生 1 对象
10         Student stu2 = new Student();  //声明学生 2 对象
11         stu1.age=30;
12         stu1.getAge();  //引用对象方法,显示年龄
13         stu2.age=20;
14         stu2.getAge();  //引用对象方法,显示年龄
15     }
16  }
```

【运行结果】

```
学生年龄:30
学生年龄:20
```

（三）匿名对象

匿名对象就是没有明确给出名称的对象，一般匿名对象只使用一次。

【示例 A3_03】定义 Stuedent 类。代码如下：

```
01 class Student{
02     private int age;  //声明年龄属性
03     void getAge(){  //获取年龄方法
04         System.out.println("学生年龄:"+age);  //输出年龄值
05     }
06 }
07 public class A3_03 {
08     public static void main(String args[]){  //主方法,程序入口点
09         new Student().getAge();  //使用匿名对象
10     }
11 }
```

【运行结果】

```
学生年龄:0
```

三、重载与构造方法

（一）重载

重载是一个很重要的概念，它是使用方法执行同类功能，根据输出的参数不同，执行的过程也不同。重载是一种多态，是同一个类面对不同的输入可以执行不同的过程。

【示例 A3_04】定义一个 Tools 类，类实例化的对象可以与整数、浮点数、字符 ASCⅡ码和字符串长度比较大小。代码如下：

```
01 public class Tools{
02     public void compareMax(int a ,int b){  //比较整型数据的大小
03         if(a >= b){
04             System.out.println(a);
05         }
06         System.out.println(b);
07     }
08     public double compareMax(double a ,double b){  //比较两个浮点型数据的大小
09         if(a >= b){
10             return a;
11         }
12         return b;
```

```
13      }
14   public void compareMax(double a,double b,double c){   //比较三个浮点型数据的
大小
15           if(a >= c && a >= b){
16               System.out.println(a);
17           }else if(b >= c && b >= a){
18               System.out.println(b);
19           }else{
20               System.out.println(c);
21           }
22      }
23   public void comareMax(char a ,char b){   //比较字符的 ASCⅡ码
24           if(a >= b){
25               System.out.prinln(a);
26           }
27           System.out.println(b);
28      }
29   public void compareMax(String a ,String b){   //比较字符串的长度
30           if(a.length() >= b.length()){
31               System.out.println("字符串较长的是" + a +"长度为" +a.length() );
32           }
33           System.out.println("字符串较长的是" + b +"长度为" +b.length());
34
35      }
36   public static void main(String[] args) {
37           Tools t = new Tools();
38           t.compareMax(5,3);
39      }
40   }
```

在示例中会获取最大值，根据传入值类型或个数不同，展现不同的执行过程。

示例一：

```
t.compareMax(5,3);
```

运行结果：

```
5
```

示例二：

```
t.compareMax('a','b');
```

运行结果：

```
b
```

示例三:

```
t.compareMax("hello","jave");
```

运行结果:

```
字符串较长的是hello长度为5
```

示例四:

```
t.compareMax(5.3,5.4,6.1);
```

运行结果:

```
6.1
```

由示例和运行结果可以看出,“方法名相同,参数不同”就可以构成方法的重载,参数包括参数的个数和参数的类型,与方法的返回值没有关系。

(二)构造方法

构造方法是一种特殊的方法,用来创建类的实例。声明构造方法时,可以附加访问修饰符,但没有返回值,不能指定返回类型。构造方法名必须和类同名。调用构造方法创建实例时,用new运算符构造方法名,格式如下:

```
类名称　对象名称 = new 类名称()
```

为实例的属性设置值有两种方式:一种是先创建实例,后调用自己的普通成员方法来完成设置,这称为“赋值”;另一种是使用new运算符调用构造方法,一次性地完成实例的创建和属性值设置,这称为“初始化”。

【示例A3_05】应用构造方法重载。代码如下:

```
01 class Student {
02    //定义数据成员变量
03   private int id;
04   private String name;
05   private int age;
06 //无参数构造方法
07   public Student(){
```

```
08    id=0; name=""; age=0;
09    }
10  //有参数构造方法
11    public Student(int sid,String sname,int sage){
12    id=sid; name=sname; age=sage;
13    }
14  //定义获得学号方法
15    public int getStuId() {
16        return id;
17    }
18  //定义设置学号方法
19    public void setStuId(int si) {
20        id = si;
21    }
22  //定义获得姓名方法
23    public String getStuName() {
24        return name;
25    }
26  //定义设置姓名方法
27    public void setStuName(String na) {
28        name = na;
29    }
30  //定义获得年龄方法
31    public int getStuAge() {
32        return age;
33    }
34  //定义设置年龄方法
35    public void setStuAge(int a) {
36        if (a < 18) {
37            System.out.printf("年龄%d是不合法的.", age);
38        } else {
39            age = a;
40        }
41    }
42  //显示学生信息方法
43    public void displayInfor() {
44            System.out.println("学号:"+id);
45            System.out.println("姓名:"+name);
46            System.out.println("年龄:"+age);
47    }
48  }
```

【程序分析】

代码06至13是构造方法的重载。这里声明定义了两个构造方法，它们的方法名称相同（都是类名），但是参数不同，因此构成构造方法的重载。

【示例A3_06】基于【示例A3_05】中的学生类创建两个学生对象分别显示学生信息。代码如下：

```
01 public class Student2Demo {
02     public static void main(String[] args) {
03     Student stu1 = new Student(1, "葛畅",20);
04     stu1.displayInfor();
05     System.out.println("-----------");
06     Student stu2 = new Student();
07     stu2.displayInfor();
08     System.out.println("-----------");
09     stu2.setStuId(2);
10     stu2.setStuName("林夕");
11     stu2.setStuAge(21);
12     stu2.displayInfor();
13    }
14 }
```

【运行结果】

```
学号:1
姓名:葛畅
年龄:20
-----------
学号:0
姓名:
年龄:0
-----------
学号:2
姓名:林夕
年龄:21
```

【程序分析】

(1)代码03调用了有参数构造方法，创建了第一个对象并为成员变量初始化。
(2)代码06调用了无参数构造方法，创建了第二个对象，此时成员变量默认为(0,“”,0)。
(3)代码09至11分别调用了成员方法进行第二个对象学号、姓名和年龄的设置。

四、this 与 static 关键字

this 与 static 关键字是 Java 语言中必须掌握的两个关键字，这两个关键字使用得比较频繁。在很多地方 this 与 static 比较难理解，本节将会详细讲述这两个关键字。

（一）this 关键字

this 关键字在 Java 类与对象中、类体中指代表自身的关键字。主要用途有以下四个方面：

（1）使用 this 关键字在自身构造方法内部引用其他构造方法；

（2）使用 this 关键字代表自身类的对象；

（3）使用 this 关键字引用成员变量；

（4）使用 this 关键字引用成员方法。

【示例 A3_07】定义一个 Student 类，测试 this 关键字用途的四个方面。代码如下：

```
01 public class Student {
02     public int id = 2020150346;  //学生学号
03     public String name = "晶晶";  //学生姓名
04     Student (){
05         System.out.println("学生类的无参构造方法")
06     }
07     Student(int id){
08         thid();  //this 调用无参构造函数
09         thid.id = id;
10         System.out.println("学生类的有参构造方法");
11     }
12     public void setName(String name){
13         this.name = name;  //引用成员变量
14     }
15     public String getName(){
16         return name;
17     }
18     public int getId(){
19         return id;
20     }
21     public void setId(int id){
22         this.id = id;
23     }
24     public void showInfo(){
25         System.out.println("学号为:"+this.getId());  //引用成员方法
26         System.out.println("姓名为:"+this.getName());
27     }
```

```
28      public Student createObject() {
29          return this;   //代表自身对象
30      }
31      public static void main(String[] args) {
32          Student s = new Student();  //无参创建 s
33          Student s1 = new Student(2020150346);  //有参数创建 s1
34          Student s2 = s1.createObject();
35          s2.showInfo();
36      }
37  }
```

【运行结果】

```
学生类的无参构造方法
学生类的无参构造方法
学生类的有参构造方法
学号为:2020150346
姓名为:晶晶
```

s 利用无参构造方法创建了一个对象，在 s1 创建时是根据值传递创建对象。当一个类内部的构造方法比较多时，可以只书写一个构造方法的内部功能代码，然后其他的构造方法都通过调用该构造方法来实现，这样既保证了所有的构造是统一的，也降低了代码的重复。s1 调用的 createObject（）返回的是自身，事实上 s1 和 s2 指的是同一个对象（形式如同 s2 = s1）。

（二）static 关键字

static 关键字表示静态，被 static 修饰的成员一般称作静态成员。由于静态成员不依赖于任何对象就可以进行访问，因此对于静态方法来说是没有 this 的，因为它不依附于任何对象，并且由于这个特性，在静态方法中不能访问类的非静态成员变量和非静态成员方法，所以非静态成员方法和非静态成员变量都是必须依赖具体的对象才能够被调用。static 可以修饰的成分有块、成员变量、成品方法等。

【示例 A3_08】定义一个 Student 类，测试 static 关键字修饰的类成员与非 static 关键字修饰的类成员的区别。代码如下：

```
01  public class Student{
02      public static String school = "* * 学院";
03      public static int phoneNumber = 13633666633
04      public int id = 2020150346;  //学生学号
05      public String name = "晶晶";  //学生姓名
06      Student(){
07          this.say();  //使用静态方法
```

```
08      }
09      public static void say(){   //静态方法
10          System.out.println("我是××学院的一名学生!");
11      }
12      public void showInfo(){
13          System.out.println("学号为:"+this.id);   //非静态成员
14          System.out.println("姓名为:"+this.name);
15      }
16      public static void main(String[] args){
17          System.out.println(Student.school);   //通过类名可以直接调用静态成员
18          System.out.println(Student.phoneNumber);
19          Sdutent s = new Student ();
20          s.showInfo();
21      }
22  }
```

【运行结果】

```
**学院
13633666633
我是××学院的一名学生!
学号为:2020150346
姓名为:晶晶
```

静态成员在数据区中，资源是被所有的对象共享的，如一个对象对其进行修改，那么所有的对象在访问到这个资源时其都会被改变。静态变量和非静态变量的区别是：静态变量被所有的对象所共享，在内存中只有一个副本，在类初次加载时会被初始化；而非静态变量是对象所拥有的，在创建对象时被初始化，存在多个副本，各个对象拥有的副本互不影响。

【示例 A3_08】内存分析如图 3-1 所示。

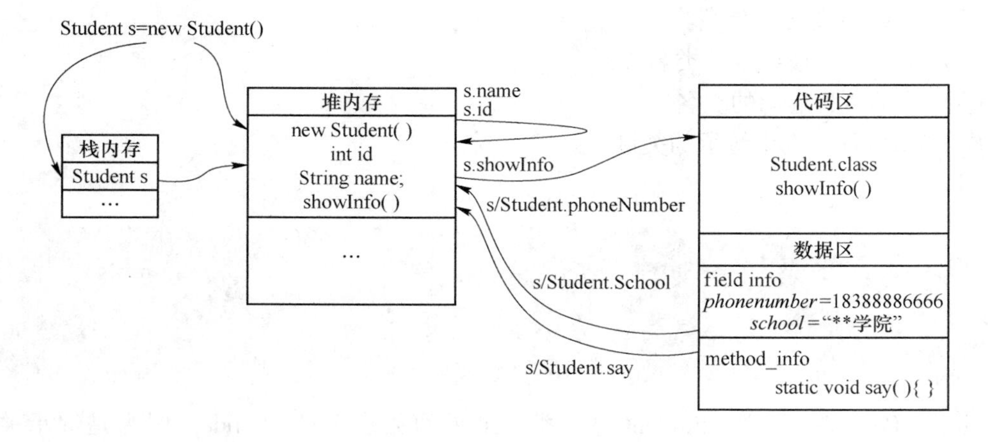

图 3-1　【示例 A3_08】内存分析

虽然在静态方法中不能访问非静态成员方法和非静态成员变量，但在非静态成员方法中是可以访问静态成员方法和静态成员变量的。用静态修饰的成员可直接被类名访问，同样也可被对象访问。

第二节 继 承

一、类的继承

（一）继承的含义

从类定义的角度讲，继承所描述的是子类在父类的基础上编写自己特有的代码，这样对于子类来说，它同时拥有父类的全部特征。类通过继承可以实现代码复用，从而提高程序设计效率，缩短开发周期。Java 中使用 extends 关键字定义继承，体现了中文里两个常用的官方词汇——继承和发扬。

（二）继承的语法

Java 用 extends 关键字来定义类之间的继承关系。

语法格式如下：

```
class 子类名 extends 父类名{
类体
}
```

格式解释：

（1）class 为类的关键字。

（2）父类名为被继承的类名。

（3）子类名为继承的类名。

（4）extends 为发生继承的关键字。

例如：

```
public class Student extends Person{
  //…
}
```

其中，Person 是父类，Student 是子类，继承的关键字是 extends。因为是继承关系，所以在 Student 类中不再需要定义 name 和 age，以及它们对应的设置和获得方法。

Java 的继承是单继承，一个类只能有一个直接的父类，所以 extends 关键字的后面只能写一个类名。这样约定的目的，是为了简化继承的代码，降低编程的复杂度。

（三）继承中的构造方法

Java 中规定子类不能直接使用父类的构造方法，因此需要声明自己的构造方法。其中存在两个重要的关键字 super 和 this，下面分别介绍它们的含义。

1. super（）

super（）表示调用父类中无参的构造方法。这条语句是默认存在的，而且一定是构造方法的第一条语句。

在继承关系中，子类构造方法会调用父类构造方法，默认是调用父类中无参的构造方法。Java 这种构造方法的调用设计，可以在创建子类对象的时候，通过 super（）对从父类继承的私有数据完成初始化工作。在 Java 中，super 表示当前对象的父类，是对当前对象的父类对象的引用。当子类的变量或者方法隐藏了父类中的变量或者方法，而在子类中又要引用父类的成员时，就要使用 super。例如：

```
super.displayInfor();
```

表示调用从父类继承的 displayInfor（）方法。

2. this

this 可以理解为一个代词，代表当前对象。如果方法形参与对象成员变量同名，那么可以用 this 来区分。例如：

```
public Person(String name, int age) {
        this.name = name;
        this.age = age;
}
```

其中，构造方法的形参和类的成员变量出现同名现象，那么 this. name 表示当前对象的成员变量 name，可以与形参 name 区别开来。

（四）方法的重写

在 Java 中，如果从父类继承的方法不能满足子类的全部需求，那么子类需要对父类方法的功能进行重写。例如，学生类中的显示信息方法为：

```
  //重写显示信息方法
    public void displayInfor(){
       System.out.println("学号：" + id);
       super.displayInfor();

}
```

其中，父类中的 displayInfor（）方法只能输出姓名和年龄，不能满足学生类的需求（学生类还有学号变量需要显示），因此在学生类中重写了 displayInfor（）方法。需要注意的是 super 的用法，super. displayInfor（）是调用从父类继承的 displayInfor（）方法进行姓名和年龄显示的。

在 Java 中约定，如果子类重写了从父类继承的方法，运行时子类对象中重写的方法会覆盖从父类继承的方法，这种效果称作"方法的覆盖"。

> 不要将方法重载与方法重写弄混。方法重载是在类中定义方法名相同但参数列表不同的方法，强调一定要把两个同名的方法区别开。方法重写是在子类中定义一个与父类某个方法一模一样的方法，强调的是一定要相同，否则就不能产生覆盖的效果。

方法重写必须遵循以下规则：

（1）方法名相同。

（2）参数列表相同。这与方法重载的要求完全相反。

（3）不能降低方法原来的可见性，也就是说，如果方法在父类中是默认可见性，那么子类重写的时候可以是默认可见性，也可以是公有可见性。

（4）返回值类型如果是基本数据类型或 void，那么不能有任何改变；但如果是自定义类型，子类重写的时候，可以声明返回其子类型。

子类中的方法只有同时符合这 4 条规则的要求，才是有效的重写。

（五）继承中的类型转换

两个类之间有了继承关系，那么这两个类的对象引用就可以相互间做类型转换了。基于 Person 父类和 Student 子类，例如：

```
Person p1 = new Student();
```

其中，变量 p1 是 Person 类型，但创建的是 Student 类型的对象，所以在赋值的时候会发生自动类型转换，将 Student 类型的引用转换为 Person 类型的引用。需要强调的是，这里的类型转换处理的不是对象而是对象的引用，即处理的是地址，对象是不会被转换的。

自动类型转换发生在子类向父类转换的时候，因为从关系上来讲 Student 是 Person 的一种。反过来则不可以。例如：

```
Student stu1 = new Person ();
```

如果需要编译通过，则需要进行强制类型转换。例如：

```
Student stu1 = (Student)(new Person ());
```

【示例 A3_09】声明一个人类 Person 作为父类，包含成员变量：姓名、年龄；方法：无参构造方法、有参构造方法；设置姓名和年龄方法；获得姓名和年龄方法。重新声明一个学生类作为人类的子类。最后编写一个执行类进行测试。代码如下：

```
01 //声明人类 Person
02   class Person {
03    private String name;
04    private int age;
05
06      //声明无参构造方法
07    public Person() {
08        name = "";
09        age = 0;
10    }
11      //声明有参构造方法
12    public Person(String name, int age) {
13        this.name = name;
14        this.age = age;
15    }
16      //获得姓名方法
17    public String getName() {
18        return name;
19    }
20      //设置姓名方法
21    public void setName(String name) {
22        this.name = name;
23    }
24      //获得年龄方法
25    public int getAge() {
26        return age;
27    }
28      //设置年龄方法
29    public void setAge(int age){
30        this.age = age;
31    }
32      //显示信息方法
33    public void displayInfor(){
34        System.out.println("姓名:" +name);
35        System.out.println("年龄:" +age);
36    }
37 }
```

定义 Student 类，注意与之前 Student 类的不同。代码如下：

```
01 //声明学生类作为子类
02   class Student extends Person {
```

```
03    private int id;
04      //声明学生类无参构造方法
05    public Student() {
06        super();
07        this.id = 0;
08    }
09      //声明学生类有参构造方法
10    public Student(int id ,String name, int age) {
11        super(name, age);
12        this.id = id;
13    }
14      //获得学生学号方法
15    public int getId() {
16        return id;
17    }
18      //设置学生学号
19    public void setId(int id) {
20        this.id = id;
21    }
22      //重写显示信息方法
23    public void displayInfor(){
24        System.out.println("学号:" + id);
25        super.displayInfor();
26
27    }
28 }
```

定义测试类PersonStudentDemo。代码如下：

```
01 public class PersonStudentDemo {
02    public static void main(String[] args) {
03         Student stu = new Student(1, "葛畅", 20);
04
05         System.out.println("学生的信息:");
06         stu.displayInfor();
07    }
08 }
```

【运行结果】

```
学生的信息:
学号:1
姓名:葛畅
年龄:20
```

【程序分析】

程序共声明了 3 个类,分别是人类 Person、学生类 Student 和执行类 PersonStudentDemo。其中人类是父类,被学生类继承,因此学生类称为子类。从执行结果可以看出,学生类在声明了自己的构造方法之外,还继承了父类中的公有方法,因此执行类中 stu 对象可以调用 displayInfor( )。

二、控制访问

(一) 包的概念

包是类的一种文件组织和管理方式，是一种功能相似或相关的类或接口的集合。

一方面是因为把功能相似或相关的类或接口组织在同一个包中，方便类的查找和应用；另一方面，可以避免名称冲突。因为同一个包中的类名字是不同的，但不同包中的类名字是可以相同的，当同时调用两个不同包中相同类名的类时，应该加上包名加以区别。

(二) package 语句

Java 中规定，package 语句必须写在类定义之前，并且是程序的第一条语句。package 是关键字，demo. student 是包名。包可以定义多层，例如，student 就是 demo 的子包，它们之间使用“.”分隔。

语法格式如下：

```
package 包名;
```

根据上面语句 Student 类编译之后必须放在名为 demo 文件夹的 student 子文件夹下。包名与文件夹一一对应。

(三) 引入包

当一个类或接口用 public 修饰时，这个类就可以被其他包中的类使用。如果一个类或接口没有用 public 修饰，那么这个类只能被同包下的类使用。

要使用包外的类有两种方法。

一种方法为使用引入语句，关键字是 import，例如：

```
import demo. * ;
```

该语句表示将 demo 包下的所有类都导入。

```
import demo. student. Student;
```

该语句表示只导入 demo 包下的 student 下的 Student 类。

另一种方法是采用前缀包名方法，即在要引入的类名前添加这个类所属的包名。例如：

```
demo. student. Student stu = new demo. student. Student();
```

使程序在编译或运行时能找到包和包下类的必需条件是从包的上一个文件中编译或执行程序，或者将包的路径设置到 classpath 中。

【示例 A3_10】定义一个 Student 类，将类放到“com. abc”包中，再新建不同的包 Test 类并输出学生信息。代码如下：

```
01 package com.abc;  //包名
02 public class Student {
03     public int id = 2020150346;  //学生学号
04     public String name = "晶晶";  //学生姓名
05     public void showInfo(){
06         System.out.println("学号为:" + id);  //引用成员方法
07         System.out.println("姓名为:" + name);
08     }
09 }
10 package three.com;
11 import com.abc.Student;  //引入包
12 public class Test {
13     public static void main (String[] args) {
14         Student s = new Student();
15         s.showInfo();  //打印 com.zzdl.Student 中的学生信息
16     }
17 }
```

【运行结果】

```
学号为:2020150346
姓名为:晶晶
```

在使用 package 关键字新建包并在包中定义类后，如果再使用这个类则需要使用 import 关键字导入。

使用包应结合权限修饰来对文件进行管理。

第三节　多　　态

在面向对象语言中，接口的多种不同的实现方式就是多态。在 Java 中，多态有两种：一种是重载形成的多态，是在编译期间形成的多态，称为静态多态；另一种是重写形成的多态，是在运行时根据父类接收的对象确定运行的方法，在运行期间形成的多态，称为动态多态。

一、重写

子类可继承父类中的方法，而不需要重新编写相同的方法。但有时子类并不想原封不动地继承父类的方法，而是想做一定的修改，这就需要采用方法的重写。方法重写又称为方法覆盖。

语法格式如下：

```
权限修饰 class 父类名{
        成员变量;
        …
    权限修饰 返回值 method([数值类型 参数],…){
        父类 method 程序段;
    }
        …;
}
权限修饰 class 子类名 extends 父类名{
        成员变量;
…
    权限修饰 返回值 method([数值类型 参数],…){
        子类 method 程序段;
    }
        …;
}
```

格式解释：

（1）权限修饰表示可以使用权限修饰符。

（2）class 为类的关键字。

（3）权限修饰 返回值 method（［数值类型 参数］，…）表示要被重写的成员方法。

（4）父类名为被继承的类名。

（5）子类名为继承的类名。

（6）extends 为发生继承的关键字。

（7）权限修饰 返回值 method（［数值类型 参数］，…）表示重写的成员方法。

由上面的定义可以看出重写必须要有继承，而且需要子类中的成员方法名与父类相同，同时子类使用相同的方法执行体，在不同的情况下才能构成重写。

【示例 A3_11】创建一个 Animal 动物类，Animal 有成员变量重量（weight）、皮毛颜色（furColor），成员方法 eat（）、sleep（）；再创建 Cat 猫类继承 Animal 动物类，增加成员变量品种（variety），增加成员方法 scream（），并重写 eat（）方法。代码如下：

```
01 public class Anima {
02     public double weight;  //定义成员变量
03     public String furColor;
04     public void eat(){  //定义 eat()方法
05         System.out.println("Animal eat food");
06     }
07     public void sleep(){
08         System.out.println("Animal is sleeping");
09     }
10     public static void main(String[] arge) {
11         Cat c = new Cat();  //Cat 类实例化对象 c
12         c.sleep();  //c 调用 sleep 方法
13         c.eat();  //c 调用 eat()方法
14     }
15 }
16 class Cat extends Animal{
17     public String variety;
18     public void eat(){  //重写 eat()方法
19         System.out.println("Cat eat fish");
20 public void scream() {  //自身定义一个额外的方法
21         System.out.println("Cat scream");
22     }
23     }
24 }
```

【运行结果】

```
Animal is sleeping
Cat eat fish
```

重载（overload）与重写（overwrite）有很多读者在初学 Java 时分不清。重载是对自身的方法进行重新加载，方法名相同、参数不同就可以达到重载。重写又称为覆盖（override），需要有继承，子类对父类进行重写需要方法名、返回值和参数都一致才能进行。

二、对象的多态性

在学习继承、重写和向上转型后，多态就很容易理解了。Java运用了一种动态地址绑定的机制实现了多态。运行期间判断对象的类型，并分别调用适当的方法。也就是说，编译器此时依然不知道对象的类型，但方法调用机制能自我调查，找到正确的方法主体。

语法格式如下：

```
权限修饰 class 父类名{
    成员变量;
      …
        权限修饰 返回值 method([数值类型 参数],…){
            父类 method 程序段;
        }
            …;
}
权限修饰 class 子类名 extends 父类名{
        成员变量;
      …
        权限修饰 返回值 method([数值类型 参数],…){
            子类 method 程序段;
        }
            …;
}
父类名 变量 = new 子类名();
变量.method([数值类型 参数],…);
```

格式解释：

(1) 权限修饰表示可以使用权限修饰符。

(2) class 为类的关键字。

(3) 权限修饰 返回值 method ([数值类型 参数], …) 表示要被重写的成员方法。

(4) 父类名为被继承的类名。

(5) 子类名为继承的类名。

(6) extends 为发生继承的关键字。

(7) 权限修改返回值 method ([数值类型 参数], …) 表示重写的成员方法。

(8) 父类名 变量 = new 子类名 () 表示向上转型。

(9) 变量.method ([数值类型 参数], …) 表示调用类重写的方法。

多态实际上利用向上转型和运行期间判断对象的类型，从而调用子类重写过的方法。

【示例 A3_12】创建一个 Animal 动物类，Animal 有成员变量重量 (weight)、皮毛颜色 (furColor)，成员方法 eat ()、sleep ()；创建 Dog 狗类继承 Animal 动物类，增加成员变量体型 (size)，增加成员方法 lookDoor ()，并重写 eat () 方法；创建 Cat 猫类继承

Animal 动物类，增加成员变量品种（variety），增加成员方法 scream（），并重写 eat（）方法，测试三个不同类的 eat（）方法。代码如下：

```
01 public class Animal {
02     public double weight;  //定义成员变量
03     public String furColor;
04     public void eat() {  //定义 eat()方法
05         System.out.println("Animal eat food");
06     }
07     public void sleep() {
08         System.out.println("Animal is sleeping");
09     }
10     public static void main(String[] args) {
11         Animal a = new Animal ();
12           //接收子类对象
13         Animal a1 = new Dog();
14         Animal a2 = new Cat();
15         a.eat ();
16           //展现不同的形态
17         a1.eat();
18         a2.eat();
19     }
20 }
21 class Dog extends Animal {
22     public String size;
23     public void lookDoor() {  //自身定义一个额外方法
24         System.out.println("Dog lookDoor");
25     }
26     public void eat () {  //狗类重写 eat()方法
27         System.out.println("Dog eat meat");
28     }
29 }
30 class Cat extends Animal {
31     public String variety;
32     public void scream() {  //自身定义一个额外的方法
33         System.out.println("Cat scream");
34     }
35     public void eat() {  //猫类重写 eat()方法
36         System.out.println("Cat eat fish");
37     }
38 }
```

【运行结果】

```
Animal eat food
Dog eat meat
Cat eat fish
```

当使用多态方式调用方法时，首先检查父类中是否有该方法，如果没有，则出现编译错误；如果有，再去调用子类的同名方法。多态的好处：可以使用程序有良好的扩展，并可以对所有类的对象进行通用处理。

第四节　抽　象　类

如果一个类中含有抽象方法，这个类就自然成为抽象类。

语法格式如下：

```
权限修饰 abstract class 抽象类名{
        成员变量;
        成员方法;
        [抽象方法];
}
```

格式解释：

（1）权限修饰表示可以使用权限修饰符。

（2）abstract 为抽象关键字。

（3）class 为定义类关键字。

（4）成员变量表示成员变量。

（5）成员方法表示成员方法。

【示例 A3_13】创建一个计算图形面积的抽象类 Geometry，然后继承该类并分别创建圆类和矩形类，重写计算面积方法，最终编写执行类进行测试。代码如下：

```
01  abstract class Geometry {
02     public abstract double getArea();
03  }
04  //声明创建 Circle 子类,父类是 Geometry
05  class Circle extends Geometry {
06     private double radius;
07
08     public Circle(double radius) {
09         this.radius = radius;
10     }
11  //重写计算面积方法,返回圆的面积
12     public double getArea() {
```

```
13          return 3.14 *  radius *  radius;
14      }
15  }
16  //声明创建Rectangle子类,父类是Geometry
17  class Rectangle extends Geometry {
18      private double width;
19      private double height;
20
21      public Rectangle(double width,double height){
22          this.width = width;
23          this.height = height;
24  }
25  //重写计算面积方法,返回矩形的面积
26      public double getArea() {
27          return width *  height;
28      }
29  }
30  public class AbstractDemo {
31      public static void main(String[ ] args) {
32          Circle c1 = new Circle(2.0);
33          Rectangle r1 = new Rectangle(3.0,6.0);
34
35          System.out.println("圆的面积:" + c1.getArea());
36       System.out.println("矩形的面积:" + r1.getArea());
37      }
38  }
```

【运行结果】

```
圆的面积:12.56
矩形的面积:18.0
```

注意事项

(1) 抽象类不能被实例化(初学者很容易犯的错误),如果被实例化,就会报错,编译无法通过。只有抽象类的非抽象子类可以创建对象。

(2) 抽象类中不一定包含抽象方法,但是有抽象方法的类必定是抽象类。

(3) 抽象类中的抽象方法只是声明,不包含方法体。

(4) 构造方法,类方法(用static修饰的方法)不能声明为抽象方法。

(5) 抽象类的子类必须给出抽象类中抽象方法的具体实现,除非该子类也是抽象类。

第五节 接 口

Java 接口是一系列方法的声明，是一些方法特征的集合。接口使用 interface 关键字定义。

语法格式如下：

```
public interface Comparable {
    //…
}
```

接口中只有两种成员，一种是公有静态的常量，一种是公有抽象的方法。因为接口中的数据只能是公有静态的常量，方法一定是公有抽象的方法，所以在定义的时候，相关的关键字习惯上都会省略。接口的访问修饰符与类的访问修饰符规则一致，若不写则默认为包内访问，但建议设为 public 类型，因为从接口的使用上看，接口只有被其他子类实现才有实际意义。Java 系统类库的接口都是 public 类型的。

类实现接口使用 implements 关键字，如果想实现多个接口，则可以写入多个接口，接口名之间用逗号隔开，通常描述为类“实现某个接口”，一般格式为：

```
class 子类 implements 接口 1,接口 2,…{

}
```

注意事项

(1) 一个类可以声明实现多个接口，这与继承类不同。
(2) 类声明实现接口，需要实现从接口中继承的所有方法。
(3) 接口中的方法一定是公有的，所以类在重写的时候，方法必须用 public 修饰。
(4) 接口与接口之间可以继承。

可以这样来理解父类和接口：父类所强调的是子类对象应该有什么样的数据，而接口所强调的是子类对象会有什么样的方法。

【示例 A3_14】定义一个接口 Door，有两个方法 open( ) 和 close( )，定义一个 ElectronicDoor 类实现这个接口。代码如下：

```
01  public interface Door {   //定义接口
02      public void open();
03      public void close();
04  }
05  class ElectronicDoor implements Door{
```

```
06      @ Override
07      public void open(){  //重写方法
08          System.out.println("open door");
09      }
10      @ Override
11      public void close() {  //重写方法
12          System.out.println("close door");
13      }
14  }
15  public class Test {
16      public static void main(String[] args) {
17          Door d = new ElectronicDoor();  //用接口接收实现类的对象
18          d.close();
19          d.open();
20      }
21  }
```

【运行结果】

```
close door
open door
```

用接口的变量可以接收实现类的对象，这也是多态现象。接口中可以含有变量和方法。但是要注意，接口中的变量会被隐式地指定为 public static final 变量（并且只能是 public static final 变量，用 private 修饰会报编译错误），而方法会被隐式地指定为 public abstract 方法且只能是 public abstract 方法（用其他关键，如 private、protected、static、final 等修饰会报编译错误），并且接口中所有的方法不能有具体的实现，也就是说，接口中的方法必须都是抽象方法。从这里可以看出接口和抽象类的区别，接口是一种极度抽象的类型，它比抽象类更加“抽象”，并且一般情况下不在接口中定义变量。

在 Java 中，类的多继承是不合法的，但接口允许多继承。在接口的多继承中 extends 关键字只需要使用一次，在其后跟着继承接口即要。

书写格式如下：

```
权限修饰 interface 子接口 extends 接口,…{
}
```

第六节 Object 类

在 Java 中所有的类都直接或间接继承 JavaSE API 中的一个类 java.lang.Object。在这个类中没有定义数据，只定义了一些方法。这些方法定义在 Object 类中，意味着它们是所有的 Java 类都应该具备的特性。

一、toString( )方法

toString( ) 方法从 Object 类继承而来，当输出引用变量值的时候，会自动调用对象的 toStirng( ) 方法。

二、equals( ) 方法

在 Java 中约定，比较两个对象是否相等应该调用对象的 equals( ) 方法，而“= =”运算符比较的是两个变量是否引用同一个对象。

【示例 A3_15】演示 Object 类中 toString( ) 方法和 equals( ) 方法的应用。代码如下：

```
01  class Circle {
02     private double radius;
03
04     public Circle(double radius) {
05         this.radius = radius;
06     }
07
08     public double getRadius() {
09         return radius;
10     }
11     public void setRadius(double radius) {
12         this.radius = radius;
13     }
14  }
15  public class ObjectDemo {
16     public static void main(String[] args) {
17         Circle c = new Circle(123.56);
18         System.out.println(c);
19         System.out.println(c.toString());
20
21         String uname1  = new String("DLU");
22         String uname2  = new String("DLU");
23
24         System.out.println(uname1 = = uname2);
25         System.out.println(uname1.equals(uname2));
26     }
27  }
```

【运行结果】

```
Circle@ c17164
Circle@ c17164
false
true
```

实战训练

创建一个计算图形面积的抽象类 Geometry，然后继承该类分别创建圆类、矩形类和三角形类，重写计算面积方法，最终编写执行类创建图形数组并将元素的面积之和进行输出。代码如下：

```
01  //声明定义抽象类 Geometry,包含抽象方法 getArea()
02  abstract class Geometry {
03  public abstract double getArea();
04  }
05  //继承 Geometry 类产生 Circle 类并实现求圆面积方法
06  class Circle extends Geometry {
07     private double radius;
08
09     public Circle(double radius) {
10         this.radius = radius;
11     }
12     public double getArea() {
13         return 3.14 *  radius *  radius;
14     }
15  }
16  //继承 Geometry 类产生 Rectangle 类并实现求矩形面积方法
17  class Rectangle extends Geometry {
18     private double width;
19     private double height;
20
21     public Rectangle(double width,double height){
22         this.width = width;
23         this.height = height;
24  }
25     public double getArea() {
26         return width *  height;
27     }
28  }
29  //继承 Geometry 类产生 Triangle 类并实现求三角形面积方法
30  class Triangle extends Geometry{
31     private double sideA,sideB,sideC;
32
33     public Triangle(double a,double b,double c){
34     sideA = a; sideB = b; sideC = c;
35  }
```

```
36      public double getArea(){
37     double p = (sideA + sideB + sideC) / 2;
38     return Math.sqrt(p * (p - sideA) * (p - sideB) * (p - sideC));
39  }
40  }
41  //执行类进行测试
42  public class SumShapeDemo {
43      public static void main(String[] args) {
44          Circle c1 = new Circle(2.0);
45          Rectangle r1 = new Rectangle(3.0,4.0);
46          Triangle t1 = new Triangle(3.0,4.0,5.0);
47          Geometry[] geo = new Geometry[3];
48          double sum = 0.0;
49
50          geo[0] = c1;
51          geo[1] = r1;
52          geo[2] = t1;
53
54          for(int i =0;i <geo.length;i ++){
55          sum + = geo[i].getArea();
56          System.out.println("geo[" +i + "] =" + geo[i].getArea());
57         }
58        System.out.println("图形的面积和:" + sum);
59      }
60  }
```

【运行结果】

```
geo[0] =12.56
geo[1] =12.0
geo[2] =6.0
图形的面积和:30.56
```

【程序分析】

在执行类中分别创建了圆类对象 c1、矩形对象 r1 和三角形对象 t1，保存在图形数组 geo 中，代码 54 至 57 运用循环进行元素面积求和，最终将面积和进行输出。

第四章　Java 数组

任务内容

（1）掌握一维数组的创建和使用；
（2）掌握二维数组的创建和使用；
（3）了解如何遍历数组；
（4）了解如何填充数组；
（5）了解数组的排序和常见的排序算法。

第一节　数组概述

从接触编程语言 C 语言开始，数组都是一个必须学习的知识点，数组是相同类型数据的集合。Java 数组与 C 语言的数组相似。数组相当于一个装有同种数据的器皿，对于 Java 来说，数组可以装同一种基本数据或同一类引用数据类型的对象。

一、一维数组的创建与使用

数组是相同类型变量的集合，这些变量具有相同的标识符即数组名，数组中的每个变量称为数组的元素（array element）。为了引用数组中的特定元素，通常使用数组名连同一个用中括号“[ ]”括起来的整型表达式，该表达式称为数组的索引（index）或者下标，例如，iArray [9]，iArray 是数组名，数字 9 为数组元素的索引。数组元素的索引就是该数组从开始的位置到该元素所在位置的偏移量。第一个元素的索引值为 0，第二个元素的索引值为 1，iArray [9] 是 iArray 数组中的第 10 个元素。

在 Java 语言中，数组不是基本数据类型，而是复合数据类型，因此，数组的使用方式不同于基本数据类型，必须通过创建数组类对象的方式使用数组。

（一）数组的定义

语法格式如下：

```
数据类型 数组名[ ];或者数据类型[ ] 数组名;
```

格式解释：

（1）数据类型表示：一维数组内部要存储变量的类型。

（2）数组名与在声明变量的名称一样，数组名仅表示这个数组的引用。

（3）[ ] 表示数组，而 [ ] 的个数表示数组的维度。

定义数组时，系统并没有为其分配内存，也没有指明数组中的元素的个数。不能像其他语言那样，在 [ ] 中直接指出元素的个数，例如，语句“：int [9] icount,”是非法的数组定义。因为数组本身是对象，必须用 new 运算符创建数组。假设要创建具有 100 个元素的整型数组，数组名为 iValue，方法如下：

```
int[] iValue;
iValue=new int[100]
```

以上步骤定义并创建了名为 iValue、元素个数为 100 的数组,其元素为:iValue[0]…iValue [99]。可将以上两步合并为：int [] iValue = new int [100]；这两种方法的结果是一样的。

【示例 A4_01】定义一个整型数组，显示数组元素被赋值前后的值。代码如下：

```
01 public class A4_01
02     public static void main(String[] args){
03         int[] iN=new int[6];
04 //定义并创建具有 6 个元素的整型数组
05         for(int i=0;1<6;i++){
06 //在数组没有赋值时,显示数组元素的值
07           System.out.print("iN["+i+"]="+iN[i]+" ");
08         }
09             System.out.println("\n");
10         for(int i=0;i<iN.length;i++){
11 //数组元素赋值后,显示数组元素的值
12             iN[i]=i;
13             System.out.print("iN["+i+"]="+iN[i]+" ");
14         }
15     }
16 }
```

【运行结果】

```
iN[0]=0 iN[1]=0 iN[2]=0 iN[3]=0 iN[4]=0 iN[5]=0
iN[0]=0 iN[1]=1 iN[2]=2 iN[3]=3 iN[4]=4 iN[5]=5
```

结果中第一行是数组元素被赋值前的值，可见整型数组在元素被赋值前，其默认值为 0。第二行是赋值后各元素的值。

而对于复合数据类型的变量，例如，类变量，数组的每个元素为类的对象，因此在创建数组之后，应分别用 new 运算符创建每个对象。

在数组操作中，栈中包含的仅是数组的名称，在没有赋值给一个新对象时，它是无法使用的。

“数据类型 数组名 [] = new 数据类型 [数组长度]”，这样也是一种声明方式。

（二）数组的初始化

不同类型的数组在创建之后中，有不同的默认值，例如，整型数组每个元素的缺省值为0；布尔型数组每个默认值为false。类的数组的每个元素的默认值为null。如果要为数组元素赋予其他值，必须对数组元素进行初始化。

数组初始化是为了给数组元素赋予默认值以外的其他值。初始化有三种方法：

（1）定义数组时直接初始化。

（2）直接访问数组元素为部分或者全部元素初始化。

（3）用已经初始化的数组初始化另一数组。

【示例 A4_02】分别定义布尔型、字节型、字符型和类类型的数组，并进行初始化。代码如下：

```
01  boolean[] bFlag={true,false,false,true,false};
02  byte[] btValue={1,2,3,4,5,6};
03  char[]cValue={'a','b','c','d','e'','f'};
04  IPCard[] ipcards={new IPCard(123,123L,100),new IPCard(245,6789L,100)};
```

该例是采用直接初始化的方法，每条语句确定了数组变量的类型、元素的个数和元素的值。和基本类型不同的是，类类型的数组元素应当以类的具体对象作为元素，因此，语句4中用new运算符直接创建类IPCard的两个对象，得到ipcards［0］、ipcards［1］两个IPCard的实例。

【示例 A4_03】定义并创建整型、浮点型、双精度型和类类型数组，数组元素为10个，对各数组元素进行初始化。代码如下：

```
01  int[] iValue=new int[10];
02  float[] fValue=new float[10];
03  double[] dValue=new double[10];
04  IPCard[] ipcards=new IPCard[10];
05  for(int i=0;i<10;i++){
06     iValue[i]=i;
07     fValue[i]=(float)i;
08     dValue[i]=(double)i;
09     ipcards[i]=new IPCard((i+1)* 100+i,(i+1)* 123L,99);
10  }
```

【程序分析】

语句1~语句4定义并且创建了数组iValue、fValue、dValue、ipcards,数组的元素个数为10。语句5~语句10利用for循环语句为数组的元素赋值。访问数组的各个元素时,需要利用数组的索引,即中括号“[]”中的表达式的值。该例题中i代表数组的索引,i为0时,指向数组的索引的第一个元素;i为1时,指向数组的第二个元素;以此类推,i为9,指向数组最后一个元素。

二、二维数组的创建与使用

要使用二维数组，同样必须要经历声明数组和分配内存给该数组两个步骤。其格式如下：

```
数据类型 数组名[][]或者数组名=new 数据类型[行个数][列个数]
```

与一维数相同，二维数组也有相似类型的声明格式，在本质上两种声明含义没有区别。其格式如下：

```
数据类型[][]数组名;
数组名 = new 数据类型[行个数][列个数];
```

> 二维数组与一维数组的不同点是，二维数组在明确分配内存时，需要告诉编译器二维数组的行列个数。

格式解释：

(1) 数据类型表示二维数组内部要存储变量的类型。

(2) 数组名与在声明变量的名称一样，数组名仅仅表示的是这个数组的引用。

(3) [] 表示数组，而 [] 的个数表示数组的维度。

(4) new 表示数组是一种引用数据类型。

(5) [行个数]。中括号中的数字代表该数组行最大能容纳多少个相同的一维数组。

(6) [列个数]。中括号中的数字代表该数组列最大能容纳多少个相同的数据。

当利用数组类型“数组名 [][]”格式声明一个数组时，数组名可视为一个二维数组类型的变量（或者说引用），这是编译器仅在栈内存中开辟一小块空间，此时的数组名没有指向任何一个位置，形式如一维数组中的声明基本类似。当执行数组名“ = new”数据类型“ [行个数] [列个数]”时，编译器会在堆内存中为数组开辟一块大小为行个数的空间，此时的数组名存储了数组在堆内存的第一个行元素的地址，其行元素个数的脚码为 0 到行个数减 1，如图 4-1 所示。

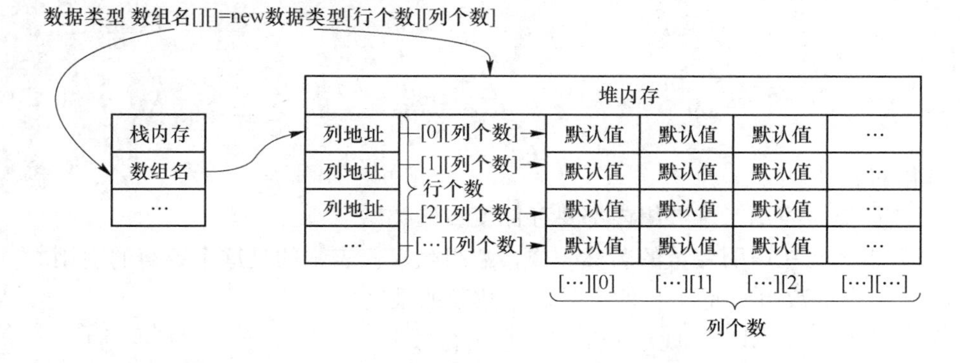

图 4-1 动态二维数组内存分析

【示例 A4_04】定义一个动态二维数组，并打印出来。代码如下：

```
01 public class A4_04 {
02     public static void main(String[] args) {
03         int arr [] [] = new int [3] [2];  //声明并实例化数组
04         arr [0] [0] = 1;  //二维数组赋值
05         arr [0] [1] = 1;
06         arr [2] [1] = 1;
07         for(int i = 0 ; i < arr.length; i ++){
08           for(int j = 0 ; j < arr[i].length; j ++){
09               System.out.print(arr[i][j] + " ");  //输出二维数组
10           }
11           System.out.println();
12         }
13     }
14 }
```

【运行结果】

```
1 1
0 0
0 1
```

二维数组的使用方式与一维数组大体上类似，在一维数组中遍历所有数据使用一层循环即可，在二维数组中也想输出全部元素，则使用两层循环。二维数组可看成一个一维数组中嵌套 N 个一维数组。

语法格式如下：

```
数组类型 数组名 [ ] [ ] ={
{数据[0] [0],数据[0] [1]},
{数据[1] [0],数据[1] [1],数据[1][2],}
{数据[2] [0],数据[2] [1]},
{…},
…
}
```

格式解释：

（1）数据类型表示二维数组内部要存储变量的类型。

（2）数组名与在声明变量的名称一样，数组名仅仅表示的是这个数组的引用。

（3）[ ] 表示数组，而 [ ] 的个数表示数组的维度。

（4）第一层 {} 相当于规定的是二维数组行数。

（5）第二层 {} 相当于规定的是二维数组列数。

1. 执行流程

当声明一个数组时，数组名可以视为一个二维数组类型的变量（或者说引用），这时编译器在栈内存中开辟一小块空间，此时的数组名存放的地址值是第一行元素的位置，形式如一维数组的静态基本类似。与此同时会在堆内存中开辟一块区域，存放每一列的值。同样编译器会为第一个行元素使用列元素建立每一个大小为列个数的一个一维数组。

2. 执行内存分析

【示例 A4_05】定义一个静态二维数组，并打印出来。代码如下：

```
01 public class A4_05{
02    public static void main(String[] args) {
03        int arr[][] = {{1,2,3,4},{5,6},{4,5,6}};  //定义一个静态二维数组
04        for (int i = 0 ; i < arr.length; i ++) {
05            for(int j = 0 ; j < arr[i].length; j ++) {
06                System.out.print(arr[i][j]+" ");  //输出二维数组
07            }
08            System.out.println();  //换行
09            }
10        }
11 }
```

【运行结果】

```
1 2 3 4
5 6
4 5 6
```

第二节　数组的基本操作

一、填充和替换数组元素

在某些情况下，需要对数组的某一个数据或连续的某些数据进行填充和替换。Arrary类中提供了两种方法：

（1）fill（int [] a，int value）。该方法将指定的 int 值分配给 int 型数组的每个元素。a 表示要进行元素替换的数组；value 表示要存储数组中所有元素的值。

（2）fill（int [] a，int frimIndex，int toIndex，int value）。该方法将指定的 int 值分配给 int 型数组指定范围内的每个元素。frimIndex 表示起始元素，toIndex 表示结束元素，前者是包括的，后者不包括。

【示例 A4_06】在主方法中创建一维数组 arr0，并实现通过 fill（）方法填充数组元素，同时在主方法中创建一维数组 arr，通过 fill（）方法将指定的 int 值分配给 int 型数组指定范围内的每个元素，最后将数组中的各个元素输出。代码如下：

```
01  import java.util.Arrays;
02  public class A4_06 {
03      public static void main (String[] args) {
04           int arr0[] = new int[3];  //声明 arr0
05           int arr[] = {99,88,77,66,55,44,33,22,11};  //声明 arr
06           Arrays.fill(arr0,7);  //将 arr0 中的数值填充成为 7
07           Arrays.fill(arr,0,3,1000);  //将 arr 中前三个元素用 1000 替换掉
08           Arrays.fill(arr,5,6,1000);  //将 arr 中前五个元素用 1000 替换掉
09           for(int i = 0;i<arr.length,i++) {  //打印 arr0 中的元素
10            System.out.println("arr0[" +i+"]第" +i+"个元素是:" + arr0[i]");
11           }
12           for(int i = 0;i<arr.length;i++) {  //打印 arr 中的元素
13           System.out.println("arr[" +i+"]第" +i+"个元素是:" + arr[i]");
14           }
15      }
16  }
```

【运行结果】

```
arr0[0]第 0 个元素是:7
arr0[1]第 1 个元素是:7
arr0[2]第 2 个元素是:7
arr[0]第 0 个元素是:1000
arr[1]第 1 个元素是:1000
arr[2]第 2 个元素是:1000
arr[3]第 3 个元素是:66
arr[4]第 4 个元素是:55
arr[5]第 5 个元素是:1000
arr[6]第 6 个元素是:33
arr[7]第 7 个元素是:22
arr[8]第 8 个元素是:11
```

fill () 方法不仅适用 int 类型的数组，其他类型的数组也可以使用。在一些特殊的情况下，为达到替换的目的可以不使用 fill ()，自己编写代码进行手动替换。

二、数组排序

排序一直是使用最多的知识点。同样数组中使用最多的基本操作就是数组的排序，在 Java API 中也提供了相应的排序方法，但是在程序设置中只学会使用 API 是不行的，需要有简单的算法思想。本节将讲述 Java API 自带排序、冒泡排序、选择排序等排序方法。

（一）自带排序

在 Java API 中的 Arrays 提供了 sort( ) 方法对数组进行排序，sort( ) 方法是经过调优的快速排序，它可以将 int[ ]、double[ ]、char[ ] 等基本数据类型的数组进行排序，Arrays 只是提供默认的升序。下面以 int 类型的数组为例：

sort(int[ ] a) 对指定的整型数组进行升序排序。

【示例 A4_07】在主方法中创建一维数组 arr，使用 sort( ) 方法对 arr 进行排序。代码如下：

```
01  import java.util.Arrays;
02  public class A4_07 {
03      public static void main(String[] args) {
04          int[] arr = {1,4, -1,5,0};
05          Arrays.sort(arr);  //数组 arr[] 的内容变为{ -1,0,4,5}
06          for(int i =0;i < arr.length;i ++) {
07              System.out.print(arr[i] +" ");
08          }
09      }
10  }
```

【运行结果】

```
-1,0,1,4,5
```

sort（）方法只能将数组升序排列，如果想将数组降序，可以在输出时，使循环由大到小输出数据。同样也可以将这个数组复制给别的数组，使用两个数组进行降序排列。

（二）冒泡排序

冒泡排序的思路是依次比较相邻的两个数，将小数放前，大数放后，即在第一趟：首先比较第 1 个数和第 2 个数，将小数放前，大数放后，然后比较第 2 个数和第 3 个数，将小数放前，大数放后，如此继续，直到比较最后两个数，将小数放前，大数放后，重复第一趟步骤，直到全部排序完成。第一趟比较完成后，最后一个数一定是数组中最大的一个数，所以第二趟比较时最后一个数不参与比较；第二趟比较完成后，倒数第二个数也一定是数组中第二大的数，所以第三趟比较时最后两个数参与比较；以此类推。

【示例 A4_08】主方法中创建一维数组 arr，对 arr 进行选择排序。代码如下：

```
01  /* 冒泡排序* /
02  public class A4_08 {
03      public static void main(String[] args) {
04          int[] arr = {7,3,2,5,4,9}
```

```
05          System.out.println("排序前数组为:");
06          for(int num:arr){  //增强循环
07              System.out.print(num + " ");
08          }
09          for (int i =0;i <arr.length -1;i ++){  //外层循环控制排序趟数
10              for(int j =0;j <arr.length -1 -i;j ++){  //内层循环控制每一趟排序多少次
11                if(arr [j]  > arr[j +1]){  //交换数据
12                  int temp  = arr[j];
13                  arr[j]  = arr[j +1];
14                  arr[j +1]  = temp;
15                }
16              }
17          }
18          System.out.println();
19          System.out.println("排序后的数组为:");
20          for(int num:arr) {
21              System.out,print(num + " ");
22          }
23      }
24  }
```

【运行结果】

```
排序前数组为:
7  3  2  5  4  9
排序后的数组为:
2  3  4  5  7  9
```

（三）选择排序

选择排序的思路和原理是每一趟从待排序的记录中选出最小的元素，顺序放在已排好序的序列最后，直到全部记录排序完毕，即第一趟在 $n-i+1$（$i=1, 2, \cdots, n-1$）个记录中选取关键字最小的记录作为有序序列中的第 i 个记录。给定数组：int[ ] arr = {里面 n 个数据}；第一趟排序，在待排序数据 1 到 n 中选出最小的数据，将它与 1 交换；第二趟，在待排序数据 2 到 n 中选出最小的数据，将它与 2 交换；以此类推，第 i 趟在待排序数据 i 到 n 中选出最小的数据，将它与 i 交换，直到全部排序完成。

【示例 A4_09】在主方法中创建一维数据数组 arr，对 arr 进行选择排序。代码如下：

```
01  /* 选择排序 * /
02  public class A4_09 {
03      public static void main(String[ ] args) {
04          int[ ] arr = {7,3,2,5,4,9}
05          System.out.println("排序前数组为:")
```

```
06          for(int num:arr){   //增强循环
07              System.out.print(num + " ");
08          }
09          for(int i =0;i <arr.length -1;i ++){   //外层循环控制排序趟数
10              for(int j =i +1;j <arr.length -1;j ++){   //内层循环控制每一趟排序多少次
11                  if(arr[i] > arr[j]){   //交换数据
12                      int temp = arr[j];
13                      arr[j] = arr[i];
14                      arr[i] = temp;
15                  }
16              }
17          }
18          System.out.println();
19          System.out.println("排序后的数组为:");
20          for(int num:arr){
21              System.out.print(num + " ");
22          }
23      }
24  }
```

【运行结果】

```
排序前数组为:
7 3 2 5 4 9
排序后的数组为:
2 3 4 5 7 9
```

实 战 训 练

(1) 采用冒泡法对数组{57, 89, 87, 69, 90, 100, 75, 90}进行排序。代码如下:

```
01  public class ArrayDemo1 {
02      public static void main(String args[]){
03          int score[] = {57,89,87,69,90,100,75,90};   //使用静态初始化声明数组
04          for(int i =1;i <score.length;i ++){
05              for(int j =0;j <score.length;i ++){
06                  if(score[i] <score[j]){   //交换位置
07                      int temp = score[i];   //中间变量
08                      score[i] = score[j];
09                      score[j] = temp;
10                  }
```

```
11              }
12          }
13          for(int i=0;i<score.length;i++){
14              System.out.print(score[i]+"\t");
15          }
16      }
17  }
```

【运行结果】

```
57  69  75  87  89  90  90  100
```

（2）定义一个三维数组，打印并输出它。代码如下：

```
01  public class ArrayRefDemo {
02     public static void main(String[] args) {
03  int arr[][][]={{{1,2,3,4},{5,6},{4,5,6}},{{1,2,3,4},{7,8}}};
04  //定义三维数组
05          for(int i = 0 ; i < arr.length; i++) {
06              for(int j = 0 ; j < arr[i].length;j++) {
07                  for(int k = 0 ; k < arr[i][j].length;k++){
08                      System.out.print(arr[i][j][k]+" ");  //输出三维数组
09                  }
10                  System.out.println();  //换行
11              }
12              System.out.println();  //换行
13          }
14
15      }
16  }
```

【运行结果】

```
1  2  3  4
5  6
4  5  6

1  2  3  4
7  8
```

由三维数组可见多维数组的维度越大代表遍历这个数组的循环层数就越多，在程序中不建议使用大于三维的数组，这样会使用计算机的开销比较大。

第五章　常用类与容器

（1）掌握 String 类常见的方法；
（2）掌握 Math 类的方法在数学上的计算；
（3）掌握 Comparable 接口的应用；
（4）了解包装类的使用。

第一节　常　用　类

一、包装类

包装类就是将基本数据类型的数据封装成对象的类。在使用 Java 的基本数据类型如 int、double 等中，发现其并不具备对象的特性，所以为了使基本类型具有对象的特性，并方便用户使用，Java 为每个数据类型都提供了包装类。

8 种基本数据类型都有相对应的包装类，包装类与基本数据类型的关系见表 5-1。

表 5-1　包装类与基本数据类型的关系

基本类型	包装类
boolean	Boolean
char	Character
byte	Byte
short	Short
int	Integer
long	Long
float	Float
double	Double

由表 5-1 可知，每一个基本数据类型都被封装成一个包装类。包装类对象一经创建，其内容（所封装的基本类型数据值）不可改变。基本类型和对应的包装类可以相互转换：由基本类型向对应的包装类转换称为装箱，如把 int 包装在 Integer 类的对象；包装类向对应的基本类型转换称为拆箱，如 Integer 类的对象重新简化为 int。

（一）Integer

Integer 类是 intr 的包装类，该类的对象包含一个 int 类型的字段。此外，该类提供了多个方法，能在 int 类型和 String 类型间互相转换，同时还提供了其他一些处理 int 类型时非常有用的常量和方法。

1. Integer 构造方法

Integer 提供了两种构造方法，可将 int 类型和 String 类型数据作为参数创建 Integer 对象。

【示例 A5_01】分别以 35 和 235 作为参数来创建 Integer 对象。代码如下：

```
01 public class A5_01 {
02 public static void main(String[] args) {
03     Integer num1 = new Integer(35);  //使用 iint 型变量作为参数创建 Integer 对象
04     Integer num2 = new Integer("235");
05     //使用 String 类型变量作为参数创建 Integer 对象
06     System.out.println("num1 的结果为:" + num1);  //输出 num1
07     System.out,println("num2 的结果为:" + num2);  //输出 num2
08 }
09 }
```

【运行结果】

```
num1 的结果为:35
num2 的结果为:235
```

要用数值型 String 变量作为参数，如 235，否则将会抛出 NumberFormatException 异常。

2. toString()、toBinaryString()、toHexString() 和 toOctalString()

toString() 返回一个表示 Integer 值的 String 对象。toBinaryString()、toHexString() 和 toOctalString() 方法分别将值转换成二进制、十六进制和八进制字符串。

【示例 A5_02】声明一个变量，将 10 分别以字符串实现将字符变量以十进制、二进制、十六进制和八进制输出。代码如下：

```
01 public class A5_02 {
02     public static void main(String[] args) {
03     String str1 = Integer.toString(10);  //获取数字的十进制表示
04     String str2 = Integer.toBinaryString(10);  //获取数字的二进制表示
05     Strinig str3 = Integer.toHexString(10);  //获取数字的十六进制表示
06     String str4 = Integer.toOctalString(10);  //获取数字的八进制表示
07     System.out.println("10 的十进制表示:" + str1);
08     System.out.println("10 的二进制表示:" + str2);
09     System.out.println("10 的十六进制表示:" + str3);
```

```
10      System.out.println("10 的八进制表示:" + str4);
11  }
12  }
```

【运行结果】

```
10 的十进制表示:10
10 的二进制表示:1010
10 的十六进制表示:a
10 的八进制表示:12
```

3. parselnt 方法

parselnt 方法的作用是将数字字符串转换为 int 数值。

【示例 A5_03】定义一个 String 数组 {" 23"," 24"," 33"," 34"," 44"}，将字符串数组中的每个元素转换为 int 类型，并打印输出。代码如下：

```
01  public class A5_03 {
02  public static void main(String[] args){
03          String str[] = {"23","24","33","34","44"};   //声明一个 String 数组
04          for (int i = 0 ; i < str.length; i ++) {
05                  //将数组中的每个元素都转换为 int 型,并打印输出
06              System.out.print(Integer.parseInt(str[i]) + " ");
07          }
08      }
09  }
```

【运行结果】

```
23  24  33  34  44
```

（二）Byte

Byte 类是 byte 类型的包装类，该类的对象包含一个 byte 类型的单个字段。此外，该类还为 byte 类型和 String 类型的相互转换提供了方法，也提供了其他一些处理 Byte 时非常有用的常量和方法。

1. Byte 构造方法

Byte 类提供了两种构造方法，可将 byte 类型和 String 类型数据作为参数创建 Byte 对象。

【示例 A5_04】分别以 53 和 76 作为参数来创建 Byte 对象。代码如下：

```
01  public class A5_04 {
02      public static void main(String[] args) {
03          byte b = 53;
04          Byte byte1 = new Byte(b);   //使用 byte 型变量 23 作为参数创建 Byte 对象
```

```
05          Byte byte2 = new Byte("76");  //使用 String 类型变量作为参数创建 Byte 对象
06          System.out.println("byte1 的结果为:" + byte1);  //输出 byte1
07          System.out.println("byte2 的结果为:" + byte2);  //输出 byte2
08      }
09  }
```

【运行结果】

```
byte1 的结果为:53
byte2 的结果为:76
```

2. Byte 常用方法

Byte 的常用方法有：

(1) byteValue()byte。该方法是以一个 byte 值返回 Byte 对象。

(2) doubleValue()double。该方法是以一个 double 值返回此 Byte 的值。

(3) intValue()int。该方法是以一个 int 值返回此 Byte 的值。

(4) parseByte (String s)。该方法可以将 String 型参数解析成等价的字节。

(5) toString()String。该方法可以返回表示 Byte 的值的 String 对象。

(6) valueOf(String str) 该方法可以返回一个保持指定 String 所给出的值的 Byte 对象。

【示例 A5_05】声明一个 Byte 类对象，分别使用上述方法对该对象进行操作。代码如下：

```
01  public class A5_05 {
02      public static void main(String[] args) {
03          Byte b = new Byte("78");  //使用 String 类型变量作为参数创建 Byte 对象
04          System.out.println(b.byteValue());  //以一个 byte 值返回此 Byte 的值
05          System.out.println(b.intValue());  //以一个 int 值返回此 Byte 的值
06          System.out.println(b.doubleValue());  //以一个 double 值返回此 Byte 的值
07          System.out.println(Byte.parseByte("23"));
08            //将 String 型参数解析成等价的字节(byte)
09          byte b1 = 9;  //声明 byte 变量
10          System.out.println(Byte.toString(b1));
11            //返回表示此 Byte 的值的 String 对象
12          System.out.println(Byte.valueOf("12"));
13            //返回一个保持指定 String 所给出的值的 Byte 对象
14      }
15  }
```

【运行结果】

```
78
78
78.0
```

```
23
9
12
```

（三）Character

Character 类是 char 类型的包装类，该类的对象包含一个 char 类型的单个字段。

1. Character 构造方法

Character 提供了 Character（char value）构造方法，可将 char 类型数据作为参数创建 Character 对象。以 3 作为参数来创建 Character 对象。

```
Character ch1 = new Character('3');
```

2. 判断功能

在程序中，有时需要判断一个字符是数字、字母、大写字母还是小写字母。Character 类提供了一些方法来完成上述功能。

【示例 A5_06】声明一个字符串 “I am a student，我的姓名是张三，学号是2018005”，请分别统计出该字符串中所有大写英文字母、小写英文字母、数字及其他字符的个数。代码如下：

```
01  public class A5_06 {
02     public static void main(String[] args) {
03     String str = "I am a studeng,我的姓名是张三,学号是 2018005";  //声明字符串
04     int bigEnum = 0;  //大写英文字母个数
05     int LowEnum = 0;  //小写英文字母个数
06     int OtherEnum = 0;  //其他字符个数
07     int Digitnum = 0;  //数字个数
08     char c[] = str.toCharArray();  //把字符串变成一个数组
09     for(int i = 0 ; i < c.length; i ++) {
10         if(Character.isLowerCase(c[i])) {  //判断字符是否是小写字母
11             LowEnum ++;
12         }else if(Character.isUpperCase(c[i])){判断字符是否是大写字母
13             bigEnum ++;
14         }
15         }else if(Character.isDigit(c[i])){判断字符是否是数字
16             Digitnum ++;
17         }
18         else {  //其他字符
19             OtherEnum ++;
20         }
21     }
22     System.out.println("大写英文字母个数:" + bigEnum);
23     System.out.println("小写英文字母个数:" + LowEnum);
```

```
24      System.out.println("数字个数:" + Digitnum);
25      System.out.println("其他字符个数:" + otherEnum);
26  }
27  }
```

【运行结果】

```
大写英文字母个数:1
小写英文字母个数:10
数字个数:7
其他字符个数:15
```

3. 转换功能

除判断功能外，Character 类还提供了将某个字符转换为小写字母或者大写字母的方法。

【示例 A5_07】声明一个字符串“I am a Studeng，my name is jane”，将该字符串中的所有“a”转换为大写字母，将“S”转换为小写字母。代码如下：

```
01  public class A5_07 {
02  public static void main(String[] args) {
03      String str = "I am a Student,my name is Jane";  //声明字符串
04      System.out.println("转换前的结果为:" + str);
05      char c [] = str.toCharArray();  //把字符串变成一个数组
06      for (int i = 0 ; i < c.length; i ++) {
07          if(c[i] = ='a'){  //判断字符是否等于‘a’
08              c[i] = Character.toUpperCase(c[i]);  //将该字符转换为大写字母
09          }
10          if(c[i] = ='S'){  //判断字符是否等于‘S’
11              c[i] = Character.toLowerCase(c[i]);  //将该字符转换为小写字母
12          }
13      }
14      System.out.println("转换后的结果为:" + String valueOf(c));
15        //将字符数组转换为字符串并输出
16  }
17  }
```

【运行结果】

```
转换前的结果为:I am a Student,my name is jane
转换后的结果为:I Am A student,my nAme is jAne
```

（四）Double 和 Float

Double 类和 Float 类是 double 和 float 类型的包装类，这两个类的对象分别包含一个

double 类型、float 类型的数据。Double 类和 Float 类都是对小数进行操作，所以常用方法基本相同。基于这种特殊性，下面只针对 Double 类进行介绍。

1. Double 构造方法

Double 类提供了两种构造方法，可将 double 类型和 String 类型数据作为参数创建 Double 类对象。

【示例 A5_08】分别以 34.56 和 235.235 作为参数来创建 Double 对象。代码如下：

```
01  public class A5_08 {
02  public static void main(String([] args) {
03      Double db1 = new Double(34.56);   //使用 double 型变量作为参数创建 Double 对象
04      Double db2 = new Double("235.235");
05        //使用 String 类型变量作为参数创建 Double 对象
06      System.out.println("db1 的结果为:" + db1);   //输出 db1
07      System.out.println("db2 的结果为:" + db2);   //输出 db2
08  }
09  }
```

【运行结果】

```
db1 的结果为:34.56
db2 的结果为:235.235
```

注意事项

如果不是以数值类型的字符串作为参数，则抛出 NumberFormatException 异常。

2. Double 常用方法

Double 类还提供了其他方法，如数字字符串转换为 double 类型数据、比较两个 double 类型数据、比较两个 Double 对象等。

【示例 A5_09】下面进行代码演示。代码如下：

```
01  public class A5_09 {
02  public static void main (String[] args) {
03      Double db1 = new Double(34.56);   //使用 double 型变量作为参数创建 Double 对象
04      Double db2 = new Double("235.235");
05        //使用 String 类型变量作为参数创建 Double 对象
06      System.out.println(db1.compareTo(db2));   //比较对象 db1 和 db2
07      System.out.println(Double.compare(34.56,4.2));   //比较 34.56 和 4.2
08      System.out.println(Double.toString(34.56));   //以字符中形式输出 34.56
09      System.out.println(Double.toHexString(4.5));   //输出 34.56 的十六进制
10      }
11  }
```

【运行结果】

```
-1
1
34.56
0x1.2p2
```

（五） Number

Number 类是 java.lang 包下的一个抽象类，提供了将包装类型拆箱成基本类型的方法，所有的包装类（Integer、Long、Byte、Double、Float 和 Short）都是抽象类 Number 的子类，并且是 final 声明不可继承改变。

Number 类的所有子类通用的方法如下：

（1）xxx xxxValue（）。xxx 表示原始数字数据类型（byte、short、int、long、float 和 double）。此方法用于将 Numbe 对象的值转换为指定的基本数据类型。

（2）int compareTo（NumberSubClass referenceName）。该方法用于将 Number 对象与指定的参数进行比较。但是不能比较两种不同的类型，因此参数和调用方法的 Number 对象应该是相同的类型。referenceName 可以是 Byte、Double、Integer、Float、Long 或 Short。

（3）boolean equals（Object obj）。该方法可以确定 Number 对象是否等于参数。每个 Number 子类都包含其他方法，这些方法可用于将数字转换为字符串及将数字转换为数字系统。

【示例 A5_10】声明一个 Double 类型的对象，将该对象的值转换为其他基本数据类型，并进行比较。代码如下：

```
01 public class A5_10 {
02     public static void main(String[] args) {
03     Double db1 = new Double(56.5647);   //声明 double 类型对象
04     System.out.println(db1.toString() + "转换为 byte 结果为:" + db1.byteValue());
05     System.out.println(db1.toString() + "转换为 int 结果为:" + db1.intValue());
06     System.out.println(db1.toString() + "转换为 float 结果为:" + db1.floatValue());
07     System.out.println(db1.toString() + "转换为 short 结果为:" + db1.shortValue());
08     System.out.println(db1.toString() + "转换为 long 结果为:" + db1.longValue());
09     System.out.println(db1.toString() + "转换为 double 结果为:"
10  + db1.doubleValue());
11     System.out.println(db1.compareTo((double)9));
12       //如果相等,结果为 0,db1 大于 9 结果为 1,否则结果为 -1
13     System.out.println(Double.compare(45,56));
14       //如果相等,结果为 0,45 大于 56 结果为 1,否则结果为 -1
15    Double db2 = new Double(23);   //声明 double 类型对象
16     System.out.println("两个 Double 对象的值是否相等:" + db1.equals(db2));
17 }
18 }
```

【运行结果】

```
56.5647 转换为 byte 结果为:56
56.5647 转换为 int 结果为:56
56.5647 转换为 float 结果为:56.5647
56.5647 转换为 short 结果为:56
56.5647 转换为 long 结果为:56
56.5647 转换为 double 结果为:56.5647
1
 -1
两个 Double 对象的值是否相等:false
```

注意事项

转换时可能分发生精度损失。例如，我们可以看到从 Double 对象转换为 int、long、short 等类型时，小数部分（“.5647”）已被省略。

二、String 与 StringBuffer 类

(一) String 类

在 Java 中将 String 类定义为最常用的字符串类型，它是不可变字符串类，因此用于存放字符串常量。需要注意的是，一个 String 字符串一旦创建，其长度和内容就不能再被更改了。每一个字符串对象创建的时候，都需要制定字符串的内容。字符串 String 类的构造方式如下：

(1) 声明和创建同时完成。String 字符串名 = new String ([null])。例如，

String s = new String (" hello world! ");

(2) 利用一个已经存在的字符串常量来创建一个新的 String 对象。例如，

String s3 = " hello world! ";

(3) 利用已经存在的字符数组来创建新的 String 对象。例如，

byte ascii[ ] = {65, 66, 67, 68, 69, 70};

String s1 = new String(ascii);

【示例 A5_11】编写一个 Java 应用程序实现判断两个字符串是否相同；判断字符串的前缀、后缀是否和某个字符串相同；按字典顺序比较两个字符串的大小关系；检索字符串；创建子字符串及将数字型字符串转换为数字等应用。代码如下：

```
01 public class A5_11 {
02     public static void main(String[ ] args) {
03  String s1 = new String("you are a beautiful girl"),
04  s2 = new String("I am very handsome");
05     //使用 equals 方法判断 s1 与 s2 是否相同
06  if(s1.equal's(s2)){
```

```
07       System.out.println("s1 与 s2 相同");
08      }else{
09       System.out.println("s1 与 s2 不相同");
10      }
11
12  String s3 = new String("22030219851022024");
13  //判断 s3 的前缀是否是"220302"
14  if(s3.startsWith("220302")){
15       System.out.println("吉林省的身份证");
16      }
17
18  String s4 = new String("你"),
19  s5 = new String("我");
20  //按着字典序比较 s4 与 s5
21  if(s4.compareTo(s5)>0){
22      System.out.println("按字典序 s4 大于 s5");
23      }else{
24      System.out.println("按字典序 s4 小于 s5");
25      }
26
27  int position = 0;
28  String path = "c:\\java\\jsp\\A.java";
29  //获取 path 中最后出现目录分隔符号的位置
30  position = path.lastIndexOf('\\');
31  System.out.println("c:\\java\\jsp\\A.java 中最后出现\的位置:"+position);
33  //获取 path 中"A.java"子字符串
34  String fileName = path.substring(position+1);
35  System.out.println("c:\\java\\jsp\\A.java 中含有的文件名:"+fileName);
37
38  String s6 = new String("100"),
39  s7 = new String("123.678");
40  //将 s6 转换成 int 型数据
41  int n1 = Integer.parseInt(s6);
42  //将 s7 转换成 double 型数据
43  double n2 = Double.parseDouble(s7);
44  double m = n1+n2;
45  System.out.println("m="+m);
46  //String 调用 valueOf()方法将 m 转换为字符串对象
47  String s8 = String.valueOf(m);
48  position = s8.indexOf(".");
49  String temp = s8.substring(position+1);
50  System.out.println("数字"+m+"有"+temp.length()+"位小数");
```

```
51
52 //将 s8 存放到数组 a 中
53 char a[] = s8.toCharArray();
54 for(int i=0;i<a.length;i++){
55     System.out.print(" "+a[i]);
56         }
57     }
58 }
```

【运行结果】

```
s1 与 s2 不相同
吉林省的身份证
按字典序 s4 小于 s5
c:\java\jsp\A.java 中最后出现\的位置:11
c:\java\jsp\A.java 中含有的文件名:A.java
m=223.678
数字 223.678 有 3 位小数
2 2 3 . 6 7 8
```

（二）StringBuffer 类

StringBuffer 是 Java 中另外一种类型的字符串，它有着与 String 类型字符串不同的特点。StringBuffer 类型的字符串对象只能通过构造方法来创建。

从程序的运行结果看，StringBuffer 中关于字符串修改的方法都是对字符串对象本身的修改，这与 String 类不同。此外，SringBuffer 还有一些 String 类没有的处理字符串的方法，如 insert( )、delete( )等。所以，如果在程序中有频繁的字符串修改操作，应该使用 StringBuffer。

StringBuffer 类的常用方法简介如下：

（1）public void setCharAt(int index, char ch)。该方法可以将字符 ch 放到 index 位置上。

（2）public StringBuffer insert(int offset, char ch)。该方法可以在 offset 位置插入字符 ch。

（3）public StringBuffer append(String str)。该方法可以在末尾添加 str。

（4）public String toString( )。该方法可以转换为不变字符串。

（5）public int length( )。该方法可以返回字符串长度。

（6）public int capacity( )。该方法可以返回字符串的容量。

（7）public void setLength( )。该方法可以设置字符串缓冲区的大小。

（8）public StringBuffer reverse( )。该方法可以将字符串反转。

（9）public StringBuffer delete(int start, int end)。该方法可以删除字符串中从 start 到 end - 1 的字符。

【示例 A5_12】说明 StringBuffer 对象创建过程及其应用。代码如下：

```
01  public class A5_12 {
02      public static void main(String[] args) {
03          StringBuffer strBuf1 = new StringBuffer("Hello");
04          //创建了一个 StringBuffer 类型的字符串
05          System.out.println("strbuf1 = " + strBuf1);
06
07          strBuf1.replace(0, 1, "J");   //用 J 替换字符串中的第一个字符
08          System.out.println("strBuf1 = " + strBuf1);
09      }
10  }
```

【运行结果】

```
strbuf1 = Hello
strBuf1 = Jello
```

【程序分析】

(1)代码 03 创建了一个 StringBuffer 类型的字符串。

(2)代码 07 中 StringBuffer 的 replace()方法需要 3 个参数,前两个参数表示替换从哪儿开始、到哪儿结束。从 0 到 1 表示替换字符串中的第一个字符。

三、Math 类

在编程的过程中，有时需要对数值进行数学上的计算，包括求最大值、最小值、根、绝对值、a 的 b 次方和三角函数等。Java 的 Math 类封装了很多与数学有关的属性和方法，能完成上述与数学有关的操作。Math 类中提供的方法都是静态的，因此 Math 中的所有方法都可以由类名直接调用或者通过 Math 类在主函数中直接调用。下面通过示例详细讲解常用的几种 Math。

（一）最大值、最小值、绝对值

Math 类中的 max()、min() 方法用于返回两个数中的最大值和最小值。

【示例 A5_13】求出最大值、最小值和绝对值。代码如下：

```
01  public class A5_13 {
02  public static void main(String[] args) {
03      System.out.println("12 和 45 的最大值为:" + Math.max(12,45));  //求最大值
04      System.out.println("12 和 45 的最小值为:" + Math.min(12,45));  //求最小值
05      System.out.println(" -25 的绝对值为:" + Math.abs(-25));  //求绝对值
06      }
07  }
```

【运行结果】

```
12 和 45 的最大值为:45
```

```
12 和 45 的最小值为:12
-25 的绝对值为:25
```

（二）a 的 b 次方、平方根

Math 类中的 pow(a, b) 方法返回的是 a 的 b 次方，Math. pow(9, 2) 返回 81.0，Math. pow(9, 4) 的结果为 6561.0，sqrt(a) 方法返回 a 的平方根，如 Math. sqrt(9) 结果为 3.0。

【示例 A5_14】声明一个变量，数值为 9，求出该变量的平方、平方根和 9 的 4 次方。代码如下：

```
01  public class A5_14 {
02  public static void main(String[] args) {
03     int a=9;  //声明变量并赋值为 9
04     System.out.println("9 的平方为:"+Math.pow(9,2));  //求平方
05     System.out.println("9 的平方根为:"+Math.sqrt(a));  //求平方根
06     System.out.println("9 的 4 次方为:"+Math.pow(9,4));  //求 9 的 4 次方
07  }
08  }
```

【运行结果】

```
9 的平方为 81.0
9 的平方根为:3.0
9 的 4 次方为:6561.0
```

（三）取整

Math 类中提供了四种取整的方法，分别是：

（1）ceil(x)。x 向上取整为它最近的数即大于等于该数字的最接近的整数。

（2）floor(x)。x 向下取整为它最近的数即小于等于该数字的最接近的整数。

（3）round(x)。x 取四舍五入后的整数。

（4）rint(x)。返回最接近参数的整数，如果有两个数同样接近，则返回偶数的那个。它有两个特殊的情况：如果参数本身是整数，则返回本身；如果不是数字或无穷大或正负 0，则结果为其本身。

【示例 A5_15】对数值 2.3，2.5，2.8 进行上述操作。代码如下：

```
01  public class A5_15 {
02  public static void main(String[] args) {
03     System.out.println("ceil(2.3):"+Math.ceil(2.3));
04        //取大于等于 2.3 的最接近的整数,结果为 3.0
05     System.out.println("floor(2.3):"+Math.floor(2.3));
06        //取小于等于 2.3 的最接近的整数,结果为 2.0
```

```
07      System.out.pringln("round(2.3):" + Math.round(2.3));
08        //四舍五入,结果为2.0
09      System.out.println("rint(2.3):" + Math.rint(2.3));
10      System.out.println("rint(2.8):" + Math.ring(2.8));
11      Sytstem.out.println("rint(2.5):" + Math.ring(2.5));
12   }
13   }
```

【运行结果】

```
ceil(2.3):3.0
floor(2.3):2.0
round(2.3):2
rint(2.3):2.0
rint(2.8):3.0
rint(2.8):2.0
```

（四）产生随机数

在程序设计过程中，有时想得到一个随机产生的数。Math 类提供了 random 方法来实现这一操作。注意：Math.random 方法生成的随机数范围为［0.0，1.0］，即生成大于等于 0.0 且小于 1.0 的 double 类型随机数。

【示例 A5_16】利用上述方法，产生并输出 10 个 1 到 100 的随机数。代码如下：

```
01   public class A5_06 {
02      public static void main(String[] args) {
03      for (int i = 0 ; i < 10 ; i ++) {
04          int s =1 + (int) (Math.random()* 100);
05          System.out.print(s + " ")
06      }
07   }
08   }
```

【运行结果】

```
74  62  13  95  72  50  96  83  69  29
```

由【示例 A5_16】可以看出，使用 Math.random 方法编写简单的表达式，生成任意范围的随机数，即 a + Math.random() ∗ b 返回的数在［a 到 a + b ∗ ）。

【示例 A5_17】拓展：Java 中还提供了另一个产生随机数的方法，就是使用 Random 类，它可以产生一个 int、double、long、float 和 boolean 类型的随机数。代码如下：

```
01   public class A5_17 {
02   public static void main(String[] args) {
03      Random r = new Random();
```

```
04      System.out.println("产生5个int类型的1-100的随机数");
05      for (int i = 0; i < 5;i++);
06          System.out.print(r.nextInt(100) +" ");
07      }
08      System.out.println("\n产生6个double类型的随机数");
09      for (int i = 0; i < 6; i++) {
10          System.out.println(r.nextDouble() +" ");
11      }
12  }
13  }
```

【运行结果】:

```
01  产生5个int类型的1-100的随机数
11  26  42  44  90
产生6个double类型的随机数
0.6944780636550367
0.5675267917476278
0.46087366214288006
0.4873145065472497
0.23375422212343866
0.47922573613977026
```

第二节 容 器

一、Collection 接口

Collection 接口是最基本的集合接口，是集合类交接口。Collection 接口存在于 Java.util 包中，它提供了对集合对象进行基本操作的通用接口方法。Collection 接口的意义是为各种具体的集合提供最大化的统一操作方式。继承 Collection 接口有 List 接口、Set 接口和 Queue 接口。其中，实现 List 接口对象中存在的元素是有序的、可以重复的，而实现 Set 接口对象中存在的元素是无序的、不可以重复的。Queue 接口则是一个典型的先进先出的容器，即容器的一端存入事物，从另一端取出，且事物存入和取出是相同的，队列常被当作一种可靠的，将对象从程序的某个区域传输到另一个区域的途径。

（一）List 接口

List 接口继承了 Collection 接口，是有序的 Collection 集合，实现 List 接口的类有 ArrayList、LinkedList、Vector 和 Stack。在实际的应用中如果使用到队列、栈和链表，首先可以使用 List。ArrayList 类是基于数组实现的，是一个数组队列，可以动态地增加容量。集合中对插入元素数据的速度要求不高，但是要求快速访问元素数据。LinkedList 类是基于链表实现的，是一个双向循环列表，可以被当作堆栈使用。集合中对访问元素数据速度要求不高，但是对插入和删除元素数据速度要求高。Vector 类是基于数组实现的，是一个矢量队列，是线程安全的。集合中有多线程对集合元素进行操作。Stack 类是基于数组实现的，是一个矢量队列，是线程安全的。集合中有多线程对集合元素进行操作。Stack 类是基于数组实现的，它继承于 Vector 类，其特点是先进后出，有时希望集合中后保存的数据先读取出来。List 接口常见的方法如下：

（1）void add（int index，Object element）。该方法可以在指定位置上添加一个对象。

（2）boolean addAll（int index，Collection c）。该方法可以将集合 C 所包含的所有元素都插入 index 的位置。

（3）Object get（int index）。该方法可以返回 List 中指定位置的元素。

（4）int indexOf（Object o）。该方法可以返回第一个出现 o 元素的位置。

（5）Object remove（int index）。该方法可以删除指定位置的元素。

（6）Object set（int index，Object element）。该方法可以用元素 element 取代位置 index 上的元素，返回被取代的元素。

（7）void sort（）。该方法可以排序。

（8）Iterator <E> iterator（）。该方法可以返回一个迭代器。

【示例 A5_18】创建一个苹果类（Apple），创建若干个对象，测试 ArrayList 类的使用方法。代码如下：

```
01  import java.util.ArrayList;
02  import java.util.Iterator;
03  import java.util.List;
04  public class A5_18 {
05     public static void main(String[] args) {
06          List a1 = new ArrayList() ;  //创建 ArrayList
07          Apple a = new Apple() ;  //创建苹果类
08          Apple b = new Apple() ;
09          Apple c = new Apple() ;
10          a1.add(a);
11          a1.add(b);
12          a1.add(c);
13          a1.set(0,b);  //将索引位置为 1 的对象 a 修改为对象 b
14          a1.add(2,c);  //将对象 c 添加到索引位置为 2 的位置
15          Iterator it = a1.iterator();  //迭代器
16              while (it.hasNext()) {
17                  System.out.println(it.next());
18              }
19          System.out.println(a1.get(0));  //获取第一个元素的对象
20          System.out.println(a1.indexOf(a1.get(2)));
21            //获取第二个元素的对象的数字
22     }
23  }
24  class Apple{  //创建类
25  }
```

【运行结果】

```
seven.Apple@ 15db9742
seven.Apple@ 15db9742
seven.Apple@ 6d06d69c
seven.Apple@ 6d06d69c
seven.Apple@ 15db9742
2
```

以上是 List 接口的部分用法，由于 List 接口是不能实例化对象的，可以使用 ArrayList 类、LinkedList 类、Vector 类和 Stack 类对实例化对象进行方法调用。

【示例 A5_19】使用 LinkedList 的示例。代码如下：

```
01  import java.util.LinkedList;
02  public class A5_19 {
03     public static void main(String[] arga) {
04          LinkedList linkedList = new LinkedList();  //创建 LinkedList
05            //按顺序添加
06          linkedList.add("first");
07          linkedList.add("second");
08          linkedList.add("third");
09          System.out.println(linkedList);
10          linkedList.addFirst("addFirst");  //替换第一个元素
11          System.out.println(linkedList);
12          linkedList.addLast("addLast");  //替换最后一个元素
13          System.out.println(linkedList);
14          linkedList.add(2,"addByIndex")  //替换第三个元素
15          System.out.println(linkedList);
16     }
17  }
```

【运行结果】

```
[first,second,third]
[addFirst,first,second,third]
[addFirst,first,second,third,addLast]
[addFirst,first,addByIndex,second,third,addLast]
```

与数组相同，集合类的下角标也是从 0 开始的。

（二）Set 接口

Set 接口也继承了 Collection 接口，不会存储重复的元素。实现 Set 接口类有 HashSet 类和 LinkedHashSet 类，如集合存储多个对象，并且不会记住元素的存储顺序，也不允许集合中有重复元素可以使用 Set。HashSet 类按照 Hash 算法存储集合中的元素，具有很好的存取和查找性能。当向 HashSet 中添加一些元素时，HashSet 类会根据该对象的 HashCode( ) 方法来得到该对象的 HashCode 值，然后根据 HashCode 值来决定元素的位置，但它能够同时使用链表来维护元素的添加顺序，使得元素能以插入顺序保存。Set 接口中常见的方法如下：

（1）boolean add(E e)。如果 set 中尚未存在指定的元素，则添加此元素（可选操作。）

（2）void clear( )。该方法可以移除此 set 中的所有元素（可选操作）。

（3）boolean contains(Object o)。如果 set 包含指定的元素，则返回 True。

（4）boolean equals(Object o)。该方法可以比较指定对象与此 set 的相等性。

（5）int hashCode( )。该方法可以返回 set 的 HashCode。

（6）boolean isEmpty( )。如果 set 不包含元素，则返回 True。

（7）Iterator < E > iterator( )。该方法可以返回在此 set 中的元素上进行迭代的迭代器。

（8）boolean remove(Object o)。如果 set 中存在指定的元素，则将其移除（可选操作）。

（9）int size( )。该方法可以返回 set 中的元素数（其容量）。

（10）Object[ ]toArray( )。该方法可以返回一个包含 set 中所有元素的数组。

【示例 A5_20】使用 HashSet 类的示例。代码如下：

```
01  import java.util.HashSet;
02  import java.util.Iterator;
03  import java.util.Set;
04  public class A5_20 {
05     public static void main(String[ ] args) {
06         Set ss = new HashSet();
07         ss.add("a");
08         ss.add("b");
09         ss.add("c");
10         ss.add("d");
11         ss.add("e");
12         ss.add("f");
13         ss.add("g");
14         ss.add("h");
15         System.out.print("打印方法 1:");
16         System.out.print(ss);  //打印 set 集合
17         System.out.println();
18         System.out.print("打印方法 2:");
19         Iterator iterator = ss.iterator();
```

```
20          while(iterator.hasNext()) {   //使用迭代器
21              System.out.print(iterator.next() +", ");
22          }
23          System.out.println();
24          System.out.print("打印方法3:")   //使用toArray()方法
25          String [] strs =new String[ss.size()];
26          ss.toArray(strs);
27          for (String s : strs) {
28              System.out.print(s +", ");
29          }
30      }
31  }
```

【运行结果】

```
循环方法1:[a,b,c,d,e,f,g,h]
循环方法2:a,b,c,d,e,f,g,h,
循环方法3:a,b,c,d,e,f,g,h,
```

以上是HashSet的基本方法，LinkedHashSet继承自HashSet，源码更少、更简单，唯一的区别是LinkedHashset内部使用的是LinkHashMap。这样做的意义和好处就是LinkedHashSet中元素顺序是可以保证的，也就说，遍历序和插入序是一致的，其使用方法基本与HashSet一致。

二、Map接口

Map接口也在于Java.util包中，提供了一个更通用的元素存储方法。Map中的元素是以键值对的形式存储的，它将唯一的键映射一个值，因此可通过键来检索。Map接口在Java类库中也有很多具体的实现。实现Map接口的类有HashMap类和TreeMap类。

（一）HashMap类

HashMap类由数组和链表组成，其中数组是HashMap类主体，链表则是为了解决哈希冲突而存在的。数组上存储的是“键”(key)，而链表上存储的是“值”(value)。HashMap像查阅字典一样，数组中所存的数据是字典，而字典中详细描述则是链表上存储的“值”(value)。主要方法有以下几种：

（1）void clear()。该方法可以从此映射中移除所有映射关系。

（2）Object clone()。该方法可以返回此HashMap实例的浅表副本，并不复制“键”和“值”本身。

（3）boolean containsKey(Object key)。如果此映射包含对于指定键的映射关系，则返回True。

（4）boolean containsValue(Object value)。如果此映射将一个或多个键映射到指定值，则返回True。

（5）V get(Objetct key)。该方法可以返回指定键所映射的值。如果对于该键此映射不包含任何映射关系，则返回 Null。

（6） boolean isEmpty( )。如果此映射不包含键 - 值映射关系，则返回 True。

（7） V put(K key， V value)。该方法可以在此映射中关联指定值与指定值。

（8） void putAll(Map < ? extends K, ? extends V > m)。该方法可以将指定映射的所有映射关系复制到此映射中，这些映射关系将替换此映射目前针对指定映射中所有键的所有映射关系。

（9） V remove(Object key)。该方法可以从此映射中移除指定键的映射关系（如果存在）。

【示例 A5_21】使用 HashMap 类的示例。代码如下：

```
01 import java.util.HashMap;
02 import java.util.Map;
03 public class A5_21 {
04     public static void main(String[] args) {
05         Map hm = new HashMap();  //创建 HashMap 对象
06           //添加元素
07         hm.put("zara","8");
08         hm.put("Mahnaz","31");
09         hm.put("Ayan","12");
10         hm.put("Daisy","14");
11         System.out.println();
12         System.out.println(" Map Elements");
13         System.out.print("\t" + hm);
14     }
15 }
```

【运行结果】

```
Map Elements
   {Daisy =14, Ayan =12,Zara =8,Mahnaz =31
```

（二） TreeMap 类

TreeMap 类是一种树形结构，主要用于排序和查找。TreeMap 类的排序主要依靠“键”来排序 Map。主要的方法如下：

（1） Comparator < ? super K > comparator( )。该方法可以返回对此映射中的键进行排序的比较器。如果此映射使用键的自然顺序，则返回 Null。

（2） V put(K key， V value)。该方法可以将指定值与此映射中的指定键进行关联。

（3） void putAll(Map < ? extends K, ? extends V > map)。该方法可以将指定映射中的所有映射关系复制到此映射中。

（4） int size( )。该方法可以返回此映射中的键 - 值映射关系数。

（5） V get(Object key)。该方法可以返回指定键所映射的值。如果对于该键此映射不包含任何映射关系，则返回 Null。

【示例 A5_22】TreeMap 类的基本方法的使用。代码如下：

```
01  import java.util.Set;
02  import java.util.TreeMap;
03  public class A5_22 {
04      public static void main(String[] args) {
05          TreeMap tm = new TreeMap();
06          tm.put(0,"zero");
07          tm.out(1,"one");
08          tm.out(3,"three");
09          Set<Integer> keys = tm.keySet();  //set 本身就是一个集合
10          for (Integer key : keys) {  //增强 for 循环
11          System.out.print("学号:" + key + "姓名:" + tm.get(key) + "\t");
12        }
13      }
14  }
```

【运行结果】

```
学号:0,姓名:zero  学号:1,姓名:one 学号:3,姓名:three
```

注意事项

在 Map 集合中，键是不能重复的，如果使用了重复的键，新值会覆盖原有值，而且不会有任何提示。

三、Comparable 接口

【示例 A5_23】将 Circle 类对象存储在 TreeSet 集合中，实现比较方法并输出。代码如下：

```
01  import java.util.Set;
02  import java.util.TreeSet;
03  class Circle implements Comparable<Circle> {
04      private double radius;
05
06      public Circle(double radius) {
07          this.radius = radius;
08      }
09
10      public double getRadius() {
11          return radius;
12      }
13      public void setRadius(double radius) {
```

```
14          this.radius = radius;
15      }
16      public String toString() {
17          return radius + "";
18      }
19      public int hashCode() {
20          final int prime = 31;
21          int result = 1;
22          long temp;
23          temp = Double.doubleToLongBits(radius);
24          result = prime *  result + (int) (temp ^ (temp > > > 32));
25          return result;
26      }
27      public boolean equals(Object obj) {
28          if (this = = obj)
29              return true;
30          if (obj = = null)
31              return false;
32          if (getClass() ! = obj.getClass())
33              return false;
34          Circle other = (Circle) obj;
35          if (Double.doubleToLongBits(radius) ! = Double
36                  .doubleToLongBits(other.radius))
37              return false;
38          return true;
39      }
40      public int compareTo(Circle obj) {
41          long thisRadius = Double.doubleToLongBits(this.radius);
42          long oRadius = Double.doubleToLongBits(obj.radius);
43          if (thisRadius > oRadius) {
44              return 1;
45          } else if (this.radius < oRadius) {
46              return -1;
47          } else {
48              return 0;
49          }
50      }
51  }
52
53  public class CircleTreeSetDemo{
54      public static void main(String args[] ){
55        Circle c1 = new Circle(5.0);
```

```
56        Circle c2 = new Circle(1.0);
57        Circle c3 = new Circle(2.0);
58
59        Set<Circle> treeset = new TreeSet<Circle>();
60
61        treeset.add(c1);
62        treeset.add(c2);
63        treeset.add(c3);
64
65        System.out.println("treeset: " + treeset);
66      }
67  }
```

【运行结果】

```
treeset:[1.0, 2.0, 5.0]
```

【程序分析】

代码01中implements关键字后面的Comparable <Circle>,是以泛型的方式使用Comparable接口的,这样使用的结果是在Circle类中compareTo()方法的参数类型也变为了Circle类型。

Java集合API中的TreeSet和TreeMap在存储元素时，要求元素所属的类型实现Comparable接口，因为TreeSet和TreeMap在存储元素时，会调用集合元素的compareTo()方法来比较元素之间的大小，然后将集合元素按升序排列。如果通过compareTo()方法比较返回0，则认为两个集合元素相等，这时，新存储的元素不会被存储到集合中。

四、hashCode接口

hashCode()方法是在Object类中定义的，该方法的返回值与对象在内存中的地址相关。hashCode()方法的返回值是一个整数，称为哈希值（也称散列码），它是对象在计算机内部存储的十六进制内存地址。自定义的类重写equals()方法时，应该重写hashCode()方法。

对象的哈希值用于比较对象是否相等。根据约定，如果两个对象的哈希值不相等，对象就不相等；如果两个对象的哈希值相等，那么要调用对象的equals()方法再进行判断，如果equals()方法返回true，才真正意味着两个对象相等。如果重写某个类中的equals()方法，必须也重写同一个类中的hashCode()方法，以保证两个相等的对象有相同的哈希值。

Set集合和Map集合的key值，在处理元素时都会用到对象是否相等的比较。集合API采用的方式就是先比较对象的哈希值，如果哈希值不相等，就认为对象不相等；如果哈希值相等，就再调用 equals( ) 方法进行比较。简单地说，判断两个元素相等的标准是两个对象通过 equals( ) 方法比较结果相等，并且两个对象的 hashCode( ) 方法返回值也相等。两个对象比较之后相等，则无法存储在集合中；两个对象比较之后不相等，才可以存储在集合中。

【示例 A5_24】说明 hashCode( ) 方法如何应用。代码如下：

```
01 import java.util.HashSet;
02 import java.util.Set;
03
04 class Circle {
05   private double radius;
06        public Circle (double radius) {
07        this.radius = radius;
08        }
09   public double getRadius () {
10        return radius;
11        }
12   public void setRadius(double radius) {
13        this.radius = radius;
14      }
15      //重写 hashCode()方法
16   public int hashCode() {
17       final int prime = 31;
18       int result = 1;
19       long temp;
20       temp = Double.doubleToLongBits(radius);
21       result = prime *  result + (int) (temp ^ (temp >>> 32));
22       return result;
23       }
24      //重写 equals()方法
25   public boolean equals(Object obj) {
26       if (this == obj)
27       return true;
28       if (obj == null)
29       return false;
30       if (getClass() != obj.getClass())
31       return false;
32       Circle other = (Circle) obj;
33       if (Double.doubleToLongBits(radius) != Double
34                                  .doubleToLongBits(other.radius))
35       return false;
36       return true;
```

```
37          }
38      public String toString() {
39          return "" + radius;
40          }
41  }
42
43  public class HashCodeTest3 {
44      public static void main(String[] args) {
45          Circle c1 = new Circle(100.98);
46          Circle c2 = new Circle(100.98);
47          Set<Circle> set = new HashSet<Circle>();
48
49          System.out.println(set.add(c1));
50          System.out.println(set.add(c2));
51          System.out.println(set);
52      }
53  }
```

【运行结果】

```
true
false
[100.98]
```

【程序分析】

因为c1已经添加到set中,所以当程序将c2对象添加到set中时,需要将c2和c1进行比较。两个对象通过equals()方法比较结果为true,意味着两个对象相等,因此add()方法返回false,c2对象没有添加到set中。

第三节　泛　型

泛型是指允许在定义类、接口、方法时使用的类型形参。这个类型形参将在声明变量、创建对象、调用方法时动态地指定，即传入的是实际的类型参数，因此，这个类型形参也可称为类型实参。Java5改写了集合框架中的全部接口和类，为这些接口、类增加了泛型支持，从而可以在声明集合变量、创建集合对象时传入类型实参。

泛型包含的语法方式有:

(1) 泛型接口的语法格式:

```
权限修饰 inerface 接口名<声明自定义泛型>{
        …
}
```

（2）泛型类的语法格式：

```
权限修饰 class 类名 <声明自定义泛型> {
        …
}
```

（3）泛型方法的语法格式：

```
修饰符 <声明自定义泛型> 返回值类型 方法名(形参列表) {
        …
}
```

泛型的类型参数只能是引用类型，不能是基本类型。使用尖括号 < > 声明一个泛型。< > 里可以使用 T、E、K、V 字母，这些字母对编译器来说都是一样的，可以是任意字母，但程序员习惯在特定情况下用不同字母来表示。

```
T:Type(类型)
E:Element(元素)
K:Key(键)
V:Value(值)
```

注意事项

> 在定义泛型类时，可以带多个类型形参，但多个类型形参的形参名不能重复。

【示例 A5_25】定义一个实现泛型接口的泛型类，通过构造方法对泛型类型的数组进行初始化，然后对数组进行排序。其中，泛型类同时实现了泛型接口中的两个方法，分别用于求数组中所保存的元素的最小值和最大值。代码如下：

```
01  import java.util.Arrays;
02  //定义一个 MinMax 接口,类型形参是 <T >
03   interface MinMax <T > {
04      T min();
05      T max();
06  }
07  //定义一个 MinMaxGen 类,实现 MinMax 接口
08   class MinMaxGen <T > implements MinMax <T > {
09    private T[ ] values;
10    public MinMaxGen(T[ ] values){
11      this.values = values;
12      Arrays.sort(values);
13    }
```

```
14    public T min() {
15    return values[0];
16    }
17    public T max() {
18    return values[values.length - 1];
19    }
20  }
21
22   public class MinMaxGenDemo {
23   public static void main(String[] args) {
24      //定义了一个 Integer 类型的数组,数组长度为 6
25    Integer[] values = new Integer[6];
26      //随机生成了 6 个介于 456 ~555 之间的整数并保存到数组中
27    for(int i = 0; i < values.length; i ++){
28    values[i] = new Integer((int)(Math.random() * 100 + 456));
29    }
30    System.out.println("array: " +Arrays.toString(values));
31
32  //把数组保存到泛型接口对象中
33    MinMax<Integer> minMax = new MinMaxGen<Integer>(values);
34  //输出数组中的最小元素
35    System.out.println("min: " +minMax.min());
36    }
37  }
```

【运行结果】

```
array:[535, 516, 539, 459, 499, 522]
min:459
```

定义泛型接口与定义泛型类一样，需要在接口名的后面指定类型形参并在接口中使用类型形参。泛型接口定义好后，需要定义泛型接口的实现类。当实现类实现泛型接口时，同样需要在类名后面指定类型形参。类型形参名与接口所指定的类型形参名要一致。例如，

class MinMaxGen <T> implements MinMax <T>

实 战 训 练

HashMap 中所保存的是以学生的学号为键、学生对象为值而构成的映射结构。所有学生的信息（包括学号、姓名和电话号码）都通过键盘输入，程序可以对学生信息进行增、

删、改、查的操作。代码如下：

```
01 import java.util.*;
02 import java.util.Scanner;
03 class Students {
04   private String id;
05   private String name;
06   private int phoneNumber;
07   Students(){
08     id = "";
09     name = "";
10     phoneNumber = 0;
11    }
12   Students(String aId,String aName,int phone){
13     id = aId;
14     name = aName;
15     phoneNumber = phone;
16   }
17   public void setId(String id){
18     this.id=id;
19   }
20   public String getId(){
21     return id;
22   }
23   public String getName(){
24     return name;
25   }
26   public void setName(String name){
27     this.name = name;
28   }
29   public int getPhoneNumber(){
30     return phoneNumber;
31   }
32   public void setPhoneNumber(int phoneNumber){
33     this.phoneNumber = phoneNumber;
34   }
35   public String toString(){
36     return ("学号:"+id+","+"姓名:"+name + "," +"电话号码:"+
37                                                   phoneNumber);
38   }
39 }
40   public class StudentSysDemo{
```

```
41      public static void main(String[] args) {
42      Map students = new HashMap();
43        //循环输入学生信息
44      System.out.println("需要增加多少学生?");
45      Scanner sc = new Scanner(System.in);
46      int number = sc.nextInt();
47      for(int i=0;i<number;i++){
48      System.out.println("请输入第"+(i+1)+"位学生信息:");
49      System.out.println("请输入学生 ID 号: ");
50      String id = sc.next();
51      System.out.println("输入学生姓名:");
52      String name = sc.next();
53      System.out.println("输入电话号码(7 位)");
54      int phone = sc.nextInt();
55      Students bill = new Students(id,name,phone);
56      students.put(bill.getId(),bill);
57    }
58
59      System.out.println("学生信息输出:"+students);
60        //学生信息查询
61      System.out.println("请输入需要查询的学生学号:");
62      String findid = sc.next();
63      System.out.println("查询学生信息输出:"+students.get(findid));
64        //学生信息修改
65      System.out.println("请输入需要修改的学生学号:");
66      String updateid = sc.next();
67      Students s=new Students();
68      System.out.println("请输入修改后学生 ID 号:");
69      s.setId(sc.next());
70      System.out.println("输入修改后学生姓名:");
71      s.setName(sc.next());
72      System.out.println("输入修改后电话号码(7 位)");
73      s.setPhoneNumber(sc.nextInt());
74      students.put(updateid, s);
75      System.out.println("修改之后学生信息输出:"+students);
76        //学生信息删除
77      System.out.println("请输入需要删除的学生学号:");
78      String deleteid = sc.next();
79      students.remove(deleteid);
80      System.out.println("删除之后学生信息输出:"+students);
81  }
82  }
```

【运行结果】

```
需要增加多少学生?
2
请输入第1位学生信息:
请输入学生ID号:
1
输入学生姓名:
tom
输入电话号码(7位)
1234567
请输入第2位学生信息:
请输入学生ID号:
2
输入学生姓名:
lily
输入电话号码(7位)
1234785
学生信息输出:{2=学号:2,姓名:lily,电话号码:1234785, 1=学号:1,姓名:tom,电话号码:1234567}
请输入需要查询的学生学号:
2
查询学生信息输出:学号:2,姓名:lily,电话号码:1234785
请输入需要修改的学生学号:
2
请输入修改后学生ID号:
2
输入修改后学生姓名:
lily
输入修改后电话号码(7位)
1122334
修改之后学生信息输出:{2=学号:2,姓名:lily,电话号码:1122334, 1=学号:1,姓名:tom,电话号码:1234567}
请输入需要删除的学生学号:
2
删除之后学生信息输出:{1=学号:1,姓名:tom,电话号码:1234567}
```

第六章　I/O 输入/输出流

（1）了解流的概念；
（2）了解输入/输出的概念；
（3）掌握字符流使用方式；
（4）了解其他流。

第一节　认识输入/输出流

一、流的定义

计算机中的数据都是以二进制（0 与 1）的方式来存储，两个设备之间进行数据的存取，当然也是以二进制（即位数据 bit）的方式来进行，Java 将目的地和来源地之间的数据 I/O 流动抽象化为一个流（Stream）的概念。

在 Java 中“流”是用来连接数据传输的起点与终点，是与具体设备无关的一种中间介质，它是数据传输的抽象描述。流的传递形式如图 6-1 所示。

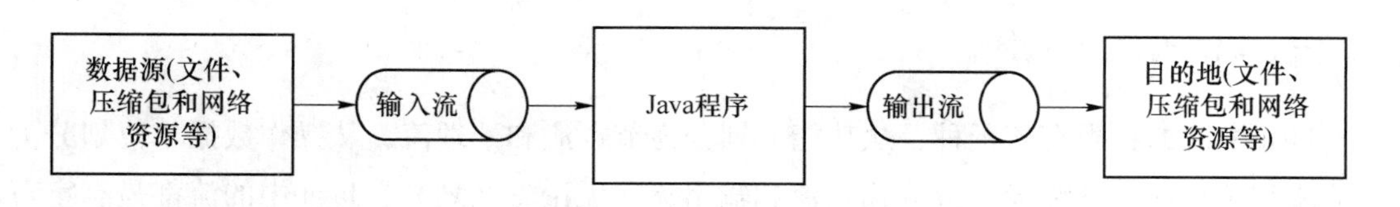

图 6-1　流的传递形式

二、流的基本特点

虽然“流”与具体设备无关，但是其中数据的输入与输出却是与设备有一定的关联。计算机收发数据的外设大致分为两类，分别为输入设备与输出设备。当数据从输入设备输入到程序区，称为数据“输入”（Input），当数据从程序区输出到输出设备，称为数据“输出”（Output）。

对于编程而言，涉及的操作区域主要是程序和外设。程序驻留内存，会在内存中开辟存放数据和操作数据的区域（简称“程序区”）。计算机外设通常包含的输入设备（如键盘、鼠标、扫描仪、数码相机、摄像头等）和输出设备（如显示器、文件、打印机、音箱等）。其中，标准输入设备为键盘，标准输出设备为显示器。如不特别指明要处理的设备，则为标准（输入/输出）设备。

输入数据的功能由“输入流”来实现，例如，从键盘接收两个字，在程序区中求它们的和；输出数据的功能由“输出流”来实现，例如，将程序处理的结果在显示器上或者存储在文件中。当然，这里的“输入”与“输出”都是基于程序区的位置为出发点的，从外设将数据“输入”到程序区的过程称为“读”（read），将程序中的数据“输出”到外设的过程称为“写”（write），如图 6-2 所示。

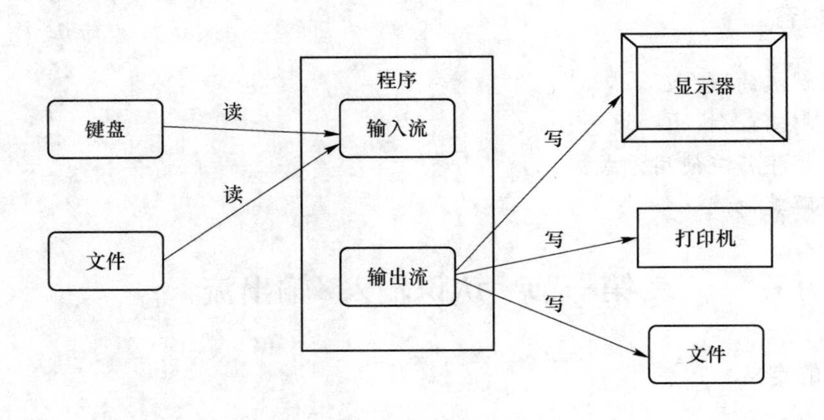

图 6-2 输入与输出（I/O）

“流”作为数据传输的管道，可以互相套接。这样做的目的是改善处理数据的效率。例如，在处理流的过程中，频繁的读写操作会降低程序的运行效率，在现有流的基础上加入“缓冲流”就可以“成批”地处理数据，从而改善程序的效率和功能。

三、流的分类

Java 中流的种类有若干种，从功能上划分为节点流和处理流，从操作数据单位划分为字节流和字符流，从流向划分为输入流和输出流。无论怎么划分，Java 中的流都是有字节输入流（InputStream）、字节输出流（OutputStream）、字符输入流（Reader）和字符输出流（Writer），见表 6-1。

表 6-1 Java 中的流

输入、输出流	字节流	字符流
输入流	InputStream	Reader
输出流	OutputStream	Write

以上是 Java I/O 包中除自身外所有流的父类，上述的 4 种类都抽象类，直接从 Object 继承。流的结构图如图 6-3 所示。

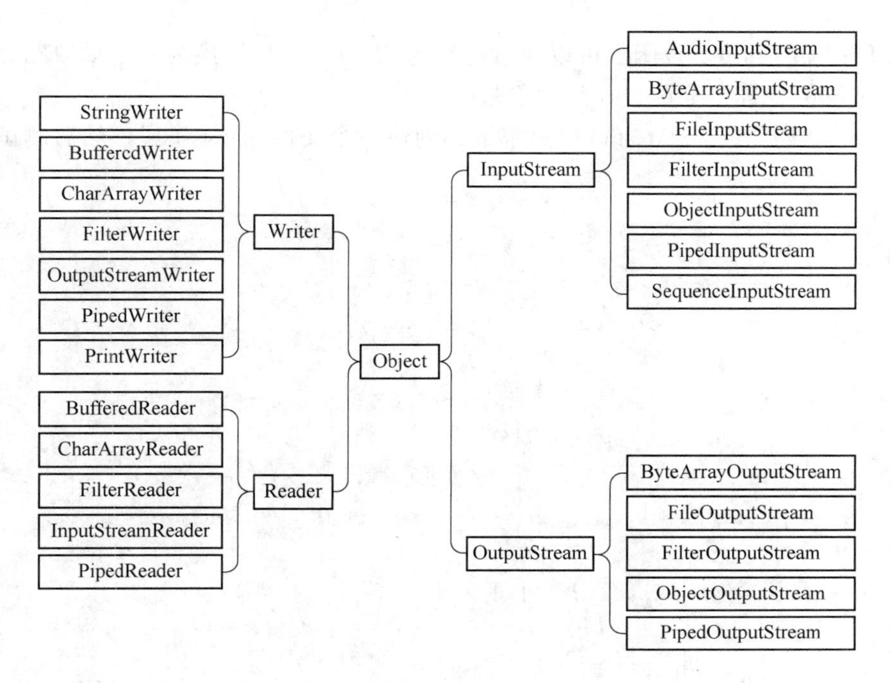

图 6-3　流的结构图

第二节　文　　件

文件是存储信息的集合，主要存储在计算机的硬盘上，通常的表现形式为 word 文档、图片等。Java 中能处理文件的类是 File 类，File 类是 I/O 包中唯一代表磁盘文件本身的对象。

一、File 类

File 类定义了一些与平台无关的方法来操作文件，可以通过调用 File 类中的方法，实现创建、删除、重命名文件等。File 类的对象主要用来获取文件本身的一些信息，如文件所在目录、文件的长度、文件读/写权限等，但是不涉及文件的读/写操作是由相应的流进行处理的。

要使用 File 类的对象，就需要了解 File 类的 4 种构造函数。File 类的构造函数如下：

（1）File(String pathname)。该函数可以通过将给定路径名字符串转换为抽象路径名来创建一个新 File 实例。其中，Pathname 指定的是路径名字符串转换为抽象路径名。

（2）File(String parent，String child)。该函数可以根据 parent 路径名字符串和 child 路径名字符串创建一个新 File 实例。其中，parent 是已经存在的上层目录，child 是被创建文件名称。

（3）File(File parent，String child)。该函数可以根据 File 对象和 child 路径名字符串

创建一个新 File 实例。

（4）File(URI uri)。该函数可以通过将给定的 file：URI 转换为一个抽象路径名来创建一个新的 Fild 实例。其中，uri 是抽象路径。

【示例 A6_01】在 “e:\test\4” 目录下，创建一个文件 “test. txt”，然后测试该文件的属性。代码如下：

```
01  import java.io.* ;
02  public class A6_01 {
03     public static void main(String args[] ) {
04         try{
05             File f1 =new File("e:\\test\\4","test.txt")
06               //生成 File 类型的对象 f1
07             f1.createNewFile();  //创建 text.txt 文件
08             System.out.println("文件 test.txt 存在吗?" + f1.exists());
09               //text.txt 是否存在
10               //输出 text.txt 文件的父目录
11             System.out.println("文件 test.txt 的父目录是:" + f1.getParent());
12               //输出 text.txt 文件是否可读
13             System.out.println("文件 test.txt 是可读的吗?" + f1.canRead())
14               //输出 text.txt 文件的长度
15             System.out.println("文件 test.txt 的长度:" + f1.length() + "字节");
16             }catch(IOException e){
17             System.out.print(e.getMessage());
18             }
19     }
20  }
```

【运行结果】

```
在 e:\test\4 目录下自动创建了一个 test.txt 文件,然后在控制台输出如下内容。
文件 test.txt 存在吗? true
文件 test.txt 的父目录是:e:\test\4
文件 test.txt 是可读的吗? true
文件 test.txt 的长度:0 字节
```

注意事项

本程序在运行前，首先要保证 File 所指向的路径存在，否则创建文件不成功。

File 类常见的方法见表 6-2。

表 6-2 File 类常见的方法

方 法	说 明
boolean canExecute ()	测试应用程序是否可以执行此抽象路径名表示的文件
boolean canRead ()	测试应用程序是否可以读取此抽象路径名表示的文件
boolean canWrite	测试应用程序是否可以修改此抽象路径名表示的文件
int compareTo (File pathname)	按字母顺序比较两个抽象路径名
boolean creatNewFile ()	当不存在具有此抽象路径指定名称的文件时，连续不间断地创建一个新的空文件
boolean delete ()	删除此抽象路径名表示的文件或目录
File getAbsoluteFile ()	返回此抽象路径名的绝对路径名形式
String getAbsoultePath ()	返回此抽象路径名的绝对路径名字符串
boolean mkdir ()	创建此抽象路径名指定的目录
boolean mkdirs ()	创建此抽象路径名指定的目录，包括所有必须但不存在的父目录
String getName	返回由此抽象路径名表示的文件或目录的名称

以上仅是 File 常用的方法，如果需要更多的 File 类方法则可以查看对应版本的 API。

createNewFile () 方法抛出了 IOException 的异常，IOException 属于检查类型异常，在程序中需要对其进行捕获和处理，如果没有则程序在编译期间会报错。

二、文件字节流输入与字节流输出

文件字节输入流 FileInputStream 类和文件字节输出流 FileOutputStream 类分别继承自字节输入流（InputStream）和输出流（OutputStream），文件字节输入流和输出流主要负责完成对本地磁盘文件的顺序输入与输出操作。

（一）FileInputStream 类

FileInputStream 类的对象表示一个文件字节输入流，从中可读取一个字节或一批字节。若文件找不到，会抛出 FileNotFoundException 异常。主要工作流程如图 6-4 所示。

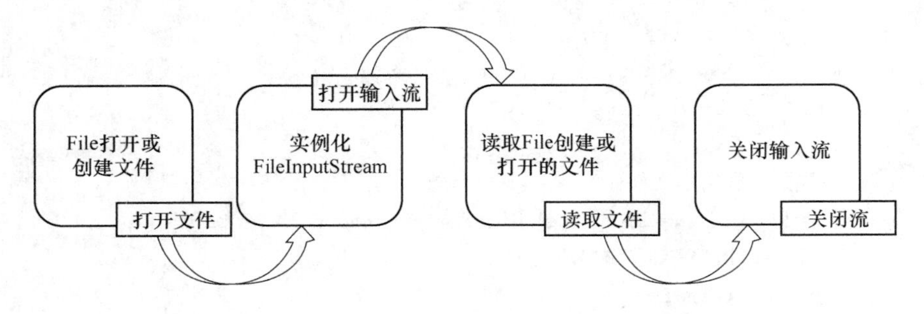

图 6-4 FileInputStream 主要工作流程

FileInputStream 类的构造方法如下：

（1）FileInputStream（String name）。该方法可以为指定文件创建文件字节输入流对象。

（2）FileInputStream（File file）。该方法可以为指定文件类 File 对象创建字节输入流对象。

（二）FileOutputStream 类

FileOutputStream 类的对象表示一个文件字节输出流，可向流中写入一个字节或一批字节。如果文件不存在，则创建一个新的文件；若存在，则清除原文件的内容。在文件读写操作时会产生 IOException 异常，该异常必须捕获或声明抛出。FileOutputStream 主要工作流程如图 6-5 所示。

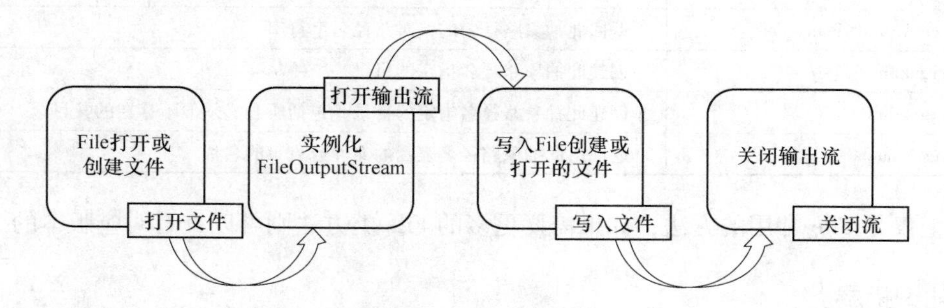

图 6-5 FileOutputStream 主要工作流程

FileOutputStream 类的构造方法如下：

（1）FileOutputStream（String name）。该方法可以为指定文件创建文件字节输出流对象。

（2）FileOutputStream（File file）。该方法可以为指定文件类 File 对象创建字节输出流对象。

（3）FileOutputStream（String name，Boolean append）。该方法可以为指定文件创建文件字节输出流对象，其中，append 参数指定文件是否为添加方式。

【示例 A6_02】使用文件字节输入、输出流实现文件的输入与输出操作。代码如下：

```
01 import java.io.*;
02 class ByteFileRWStream{
03   private String filename;
04     public ByteFileRWStream(String filename){
05   this.filename = filename;
06   }
07     //将数据写入指定文件
08   public void write2File(byte[]buffer) throws IOException{
09     //为指定文件创建文件输出流对象 fout
10   FileOutputStream fout = new
11                       FileOutputStream(this.filename);
```

```
12      //将指定字节数据写入输出流
13    fout.write(buffer);
14      //关闭输出流
15    fout.close();
16    System.out.println("成功写入文件:" + this.filename);
17    }
18      //将指定文件中的数据读出
19    public void readFileContent() throws IOException{
20      //为指定文件创建文件输入流对象
21    FileInputStream fin = new
22                          FileInputStream(this.filename);
23    System.out.println("从文件读取:" + this.filename);
24      //字节数组存放数据
25    byte[] buffer = new byte[10];
26    int count = 0;
27    do{
28      //读取输入流
29    count = fin.read(buffer);
30    System.out.println("本次读入 = " + count + "个字符");
31    for(int i = 0;i < count;i ++)
32    System.out.print(buffer[i] + " ");
33    System.out.println();
34    }while(count! = -1);   //输入流结束的标志
35    fin.close();
36    }
37    }
38
39  public class ByteIODemo {
40    public static void main(String args[])throws IOException{
41    byte[] buffer = new byte[20];
42    for(int i = 0;i < 20;i ++){
43    buffer[i] = (byte)(Math.random()* 100);
44    }
45    ByteFileRWStream fileStrem = new ByteFileRWStream("ByteFile.dat");
46    fileStrem.write2File(buffer);
47    fileStrem.readFileContent();
48    }
49  }
```

【运行结果】

```
成功写入文件:ByteFile.dat
从文件读取:ByteFile.dat
```

```
本次读入 =10 个字符
99 31 49 68 2 15 40 95 4 3
本次读入 =10 个字符
20 61 88 54 46 35 38 3 10 26
本次读入 = -1 个字符
```

【程序分析】

本程序包括文件输入和输出操作。其中,write2File()方法将 buffer 中的数据写入指定文件;readFileContent()方法从指定文件中读取数据并输出到显示器上。由于文件内容可能很多,所以通常读取操作不可能一次执行,需要循环执行多次读取数据。无论是输入还是输出,对流操作执行完之后都必须调用 close()方法关闭流。

flush() 是将缓存写入的流文件强制输出到目的地,在关闭流时,有时会有一部分数据存在内存中。close() 是相当于将流管道直接“切断”,关闭流时,需要先将文件流 flush() 输出到目的地。

三、文件字符流输入与字符流输出

文件字符流分为输入流(FileReader)和输出流(FileWriter),它们分别继承自己字节输入流(InputStreamReader)和输出流(OutputStreamWriter),文件流方式按照字节读取或输出文件。文件字符流和文件字节流区别是,文件字符流读取或写入文件时以字形式,而文件字节流读取或写入文件时以字节形式。

1. FileReader

FileReader 主要工作流程与 FileInputStream 相似,其方法有以下几种:

(1) int read ()。该方法可以读取单个字符。返回作为整数读取的字符,如果已达到流末尾,则返回 -1。

(2) int read (char [] cbuf, int offset, int len)。该方法可以读取字符到 cbuf 数组,返回读取到字符的个数,如果已经达到尾部,则返回 -1。其中,cbuf 是字符数组,offset 是开始位置,len 是读取字符长度。

(3) int read (char [] cbuf)。该方法可以将字符读入数组。返回读取的字符数,如果已经达到尾部,则返回 -1。其中,cbuf 是字符数组。

(4) void close ()。该方法可以关闭此流对象,释放与其关联的所有资源。

【示例 A6_03】在 F 盘 javawork 文件夹下新建一个 6-3. txt 文件,手动在 txt 文档中添加两行文字“i love China”和“我爱中国”,利用 FileReader 读取文件信息并打印输出。代码如下:

```
01  import java.io.File;
02  import java.io.FileNotFoundException;
```

```
03 import java.io.FileReader;
04 import java.io.IOException;
05 public class A6_03 {
06        public static void main(String[] args) {
07            File file = new File("F:\\javawork");
08            if(! file.exists()) {
09                file.mkdir();
10                System.out.println("javawork创建成功!!");
11            }else{
12                file = new File("F:\\javawork","6-3.txt");   //创建文件8-5
13                try {
14                    file.createNewFile();
15                    System.out.println("6-3.txt创建成功!!");
16                } catch (IOException e) {
17                    e.printStackTrace();
18                }
19                try {
20                    FileReader fin = new FileReader(file);
21                    char[] c = new char[1024];   //创建合适的char数组
22                  int i = 0;
23                  int k = 0;   //所有读取的内容都使用k接收
24                  while((k = fin.read())! = -1){   //当没有读取完时,继续读取
25                      c[i] = (char)k;
26                     i ++;
27                  }
28                  fin.close();   //关闭流
29                  System.out.println(new String(c));   //转换成为字符串
30                } catch (FileNotFoundException e) {
31                    e.printStackTrace();
32                } catch (IOException e) {
33                    e.printStackTrace ();
34                }
35            }
36        }
37 }
```

【运行结果】

```
6-3.txt创建成功!!
i love China
我爱中国
```

FileReader与FileInputStream工作方式基本类似，但一次读取文件的大小有所不同，

FileReader 的主要目的在于解决单个文字占有两个字符的问题。

2. FileReader

FileWriter 主要工作流程与 FileOutputStream 相似，其方法有以下几种：

（1） write （char [ ]c， int offset， int len）。该方法可以在文件输入流中读取，从 offset 开始的 len 字节，并存储到 c 字符数组内。其中，c 是字符数组，offset 是开始位置，len 是读取的字符长度。

（2） write （String s， int offset， int len）。该方法可以在文件输入流中读取，从 offset 开始的 len 字节，并存储到字符串 s 内。其中，s 是字符串，offset 是开始位置，len 是读取字符长度。

（3） void flush( )。该方法可以刷新输出流。

（4） void close( )。该方法可以关闭输入流对象，释放与其关联的所有资源。

【示例 A6_04】在 F 盘 javawork 文件夹下新建一个 8-6. txt 文档，使用 FileWrite 在 txt 文档中添加两行文字 “i love China” “我爱中国”，截取 “我爱中国” 中的 “我爱”。代码如下：

```
01 import java.io.File;
02 import java.io.FileNotFoundException;
03 import java.io.FileWriter;
04 import java.io.IOException;
05 public class A6_04 {
06    public static void main(String[] args) {
07        File.file = new File("F:\\javawork");
08        if(! file.exists()) {
09            file.mkdir();
10            System.out.println("javawork 创建成功!!");
11        }else{
12            file = new File("F;\\javawork","6-4.txt");
13            try {
14               file.createNewFile();
15               System.out.println("6-4.txt 创建成功!!");  //创建 8-6.txt
16            } catch (IOException e) {
17               e.printStackTrace();
18            }
19             try {
20               FileWriter fon = new FileWriter(file);
21               fon.write("i love China");  //FileWrite 可以写入字符串
22               fon.write("我爱中国");
23               fon.write("我爱中国",0,2);
24               fon.flush();  //清空流文件
25               fon.close();  //关闭流文件
26               System.out.println("写入成功!!");
```

```
27            } catch (FileNotFoundException e) {
28                e.printStackTrace()
29            } catch (IOException e) {
30                e.printStackTrace();
31            }
32        }
33    }
34 }
```

【运行结果】

```
6-4.txt 创建成功!!
写入成功!!
```

【运行截图】

```
6-4 - 记事本
文件(F) 编辑(E) 格式(O) 查看(V) 帮助(H)
i love China 我爱中国 我爱
```

第三节 字 节 流

无论是文件字节输入流还是文件字节输出流都是字节流输入或输出的子类，字节流（InputStream/OutPutStream）都是抽象类，主要统一读/写操作，为其子类提供共用的方法。

一、InputStream 类与 OutPutStream 类

（一）InputStream 类

InputStream 类主要用于提供读操作，由于 InputStream 是一个抽象类，自身无法实例化对象，所以只能通过子类程序中需要的对象。InputStream 子类结构图如图 6-6 所示。

InputStream 类主要方法如下：

（1）int available()。假设方法返回的 int 值为 a，a 代表的是在不阻塞的情况下，可以读入或跳过（skip）的字节数。

（2）int read()。该方法可以读取输入流的下一字节。这是一个抽象方法，不提供实现，子类必须实现这个方法。

（3）int read(byte b[ ])。该方法可以试图读入多字节，存入字节数组 b 中，返回实际读入的字节数。

（4）int read（byte[ ] b，int offset，int len）。其与上一个功能类似，除读入的数据存储到 b 数组是从 offset 开始外。其中，len 是试图读入的字节数，返回的是实际读入的字节数。

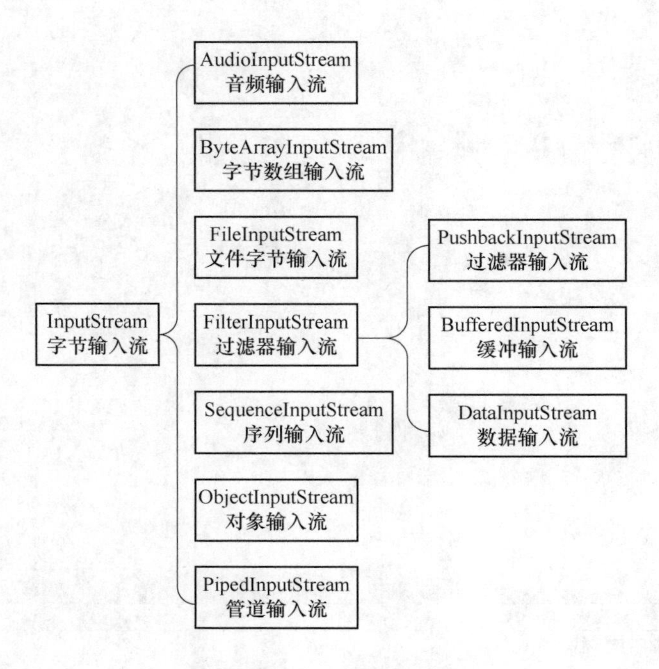

图6-6 InputStream子类结构图

（5）long skip(long n)。该方法可以试图跳过当前流的n字节，返回实际跳过的字节数。

（6）void close()。该方法可以关闭当前输入流，释放与该流相关的资源，以防止资源泄漏。

（二）OutputStream类

OutputStream类主要为提供读操作，由于OutputStream是一个抽象类，自身无法实例化对象，只能通过子类生成程序中需要的对象。OutputStream子类结构图如图6-7所示。

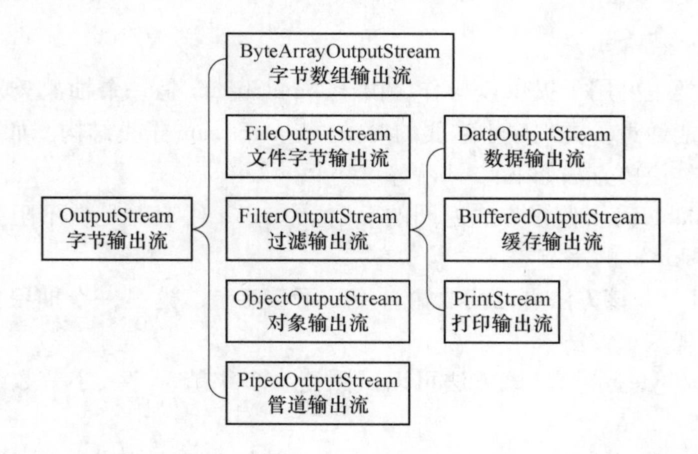

图6-7 OutputStream子类结构图

OutputStream类主要方法如下：

（1） void write （int b）。该方法可以往流中写一字节。

（2） void write （byte b[ ]）。该方法可以试图写入多字节，存入字节数组 b，并返回实际写入的字节数。

（3） void write （byte b[ ]，int offset，int len）。其与上一个功能类似，除写入的数据存储到 b 数组是从 offset 开始外。其中，len 是试图写入的字节数，返回实际写入的字节数。

（4） void flush( )。该方法可以刷空输出流，并输出所有被缓存的字节，由于某些流支持缓存功能，该方法将把缓存中所有内容强制输出到流中。

（5） void close( )。该方法可以关闭当前输出流，释放与该流出相关的资源，以防止资源泄漏。

二、ByteArrayInputStream 与 ByteArrayOutputStream

当 ByteArrayInputStream 与 ByteArrayOutputStream 的目的在于读/写时，程序内部创建一个 byte 型数组的缓冲区。如果在传输的过程中要传输很多变量，则可以采取这样的方式将变量收集起来，然后一次性的发送出去。

（一） ByteArrayInputStream 可以将字节数组转换为输入流，其主要方法如下：

（1） int read( )。该方法可以从此输入流中读取下一字节。

（2） int read （byte[ ] b，int offset，int len）。该方法可以从 offset 开始读入的数据存储到 b 数组。其中，len 是试图读入的字节数，返回的是实际读入的字节数。

（3） int available( )。该方法可以返回可不发生阻塞从此输入流读取的字节数。

（4） void mark(int read)。该方法可以设置流中的当前标记位置。

（5） void close( )。该方法可以关闭当前输入流，释放与该流相关的资源，以防止资源泄漏。

【示例 A6_05】在控制台上输入字母，用 ByteArrayInputStream 将输入的小写字母转换成为大写字母。代码如下：

```
01  import java.io.ByteArrayInputStream;
02  import java.io.IOException;
03  import java.util.Scanner;
04  public class A6_05 {
05     public static void main(String args[]) {
06         System.out.println("请输入转换的字母个数");
07         Scanner sc = new Scanner(System.in);
08         char c [] = new char[sc.nextInt()];
09         byte b [] = new byte [c.length];
10         for (int i = 0 ; i < b.length;i ++) {
11             System.out.println("请输入第" + (i +1) + "小写字母");
12             c[i] = sc.next().chartAt(0);  //将接收字符串转换为字符
13             b[i] = (byte) c[i];
14         }
```

```
15          int d = 0;
16          ByteArrayInputStream bInput = new ByteArrayInputStream(b);
17          System.out.println("小写字母转换为大写字母");
18          for(int i = 0 ; i < 1 ; i++){   //打印字符
19              while((d= bInput.read())! = -1){
20                  System.out.println(Character.toUpperCase((char)d));
21              }
22              bInput.reset();
23          }
24          try{
25              bInput.close();  //关闭数据流
26          } catch (IOException e){
27              e.printStackTrace();
28          }
29      }
30  }
```

【运行结果】

```
请输入转换的字母个数:
2
请输入第1小写字母:
a
请输入第2小写字母:
d
小字字母转换为大写字母
A
D
```

当输入不一样时，运行结果也不一样。

（二）ByteArrayOutputStreem 可以捕获内存缓冲区的数据转换为字节数组，其主要方法如下：

（1）int write（int b）。该方法可以写入指定的字节到此字节输出流中。

（2）int write（byte b[]）。该方法可以试图写入多字节，存入字节数组 b 中，返回实际写入的字节数。

（3）int write（byte b[]，int offset，int len）：与上一个功能类似，除写入的数据存储到 b 数据是从 offset 开始外。其中，len 是试图写入的字节数，返回的是实际写入的字节数。

（4）int size()。该方法可以返回的输出流里积累的缓冲区的当前大小。

（5）void flush()。该方法可以刷空输出流，并输出所有被缓存的字节，由于某些流支持缓存功能，该方法将缓存中所有内容强制输出到流中。

（6）void reset()。该方法可以重置此字节输出流，废弃此前存储的数据。

（7）void close()。该方法可以关闭当前输出流，释放与该流相关的资源，以防止资源泄漏。

【示例 A6_06】使用 ByteArrayOutputStream 写入字母，用 ByteArrayInputStream 将输入的小写字母转换为大写字母。代码如下：

```
01  import java.io.ByteArrayInputStream;
02  import java.io.ByteArrayOutputStream;
03  import java.io.IOException;
04  public class A6_06 {
05      public staic void main(String args[]) {
06          System.out.println("请输入要转换的字母:");
07          ByteArrayOutputStream bOutput = new ByteArrayOutputStream(5);
08            //创建一个 5 字节的缓冲区
09          while (bOutput.size()! = 3) {
10              try {
11                  bOutput.write(System.in.read());  //获取用户输入值
12              } catch (IOException e) {
13                  e.printStackTrace();
14              }
15          }
16          byte b[] = bOutput.tobyteArray();
17          System.out.println("打印要转换的字母");
18          for (int x = 0; x < b.length; x++) {   //打印字符
19              System.out.print((char) b[x] +" ");
20          }
21          System.out.println(" ");
22          int c;
23          ByteArrayInputStream bInput = new ByteArrayInputStream(b);
24          System.out.println("将小写字母转换为大写字母");
25          for (int y = 0; y < 1; y++) {
26              while((c = bInput.read()) i= -1) {
27                  System.out.println(Character.toUpperCase((char) c));
28              }
29              bInput.reset();
30          }
31          try {
32              bOutput.close();  //关闭 bOutput
33              bInput.close();  //关闭 bInput
34          } catch (IOException e) {
35              e.printStackTrace();
36          }
37      }
38  }
```

【运行结果】

```
请输入要转换的字母:
abcde
打印要转换的字母:
a b c
将小写字母转换为大写字母
A
B
C
```

三、DataInputStream 与 DataOutputStream

在 I/O 包中提供了两个与平台无关的数据操作流，数据输入流（DataInputStream）和数据输出流（DataOutputStream）。数据输入流继承于 FilterInputStream，允许应用程序以与机器无关的方式从底层输入流中的读取基本 Java 数据类型。应用程序可以使用数据输出流写入由数据输入流读取的数据。数据输出流继承于 FilterOutputStream，允许应用程序以与机器无关的试从底层输入流中写入基本 Java 数据类型。应用程序可以使用 DataOutputStream 写入由 DataInputStream 读取的数据。

数据输出流和输入流需要指定数据的保存格式，因为必须按指定的格式保存数据，才可以将数据输入流的数据读取进行。

（一）DataInputStream

DataInputStream 可以将字节数组转换为输入流，其主要方法如下：

（1）int read（byte[ ] b）。该方法可以从输入流中读取一定的字节，存放到缓冲数组 b 中，返回缓冲区中的总字节数。

（2）int read（byte[ ] buf，int offset，int len）。该方法可以从输入流中一次读入 len 字节存放在字节数组中的偏移 offset 字节及其后面位置。

（3）readFully（byte[ ] b）。该方法可以读取流上指定长度的字节数组，也就是说，如果声明长度为 len 的字节数组，该方法只有读取 len 字节时才返回，如果超时，则会抛出异常 EOFExecption。

（4）String readUTF( )。该方法可以读入一个已使用 UTF－8 修改版格式编码的字符串。

（5）void close( )。该方法可以关闭当前输入流，释放与该流相关的资源，以防止资源泄漏。

（二）DataOutputStream

DataOutputStream 可以将字节数组转换为输出流，其主要方法如下：

（1）void write（byte[ ] b，int offset，int len）。该方法可以将 byte 数组 offset 开始的 len 字节写入 OutputStream 输出流对象中。

（2）void write（init b）。该方法可以将指定字节的最低 8 位写入基础输出流。

（3）void writeBoolean（boolean b）。该方法可以将一个 boolean 值以 1－byte 值形式写

入基本输出流。

（4） void writeByte （int v）。该方法可以将一个 byte 值以 1 - byte 值形式写入基本输出流中。

（5） void writeBytes （String s）。该方法可以将字符串按字节顺序写入基本输出流中。

（6） void writeChar （int v）。该方法可以将一个 char 的值以 2 - byte 值形式写入基本输出流中，先写入高字节。

（7） void writeInt （int v）。该方法可以将一个 int 值以 4 - byte 值形式写入输出流中，先写入高字节。

（8） void writeUTF （String str）。该方法能以与机器无关的方式，用 UTF - 8 修改版，将一个字符串写入基本输出流。该方法先用 writeShort 写入 2 字节表示后面的字节数。

（9） int size （）。该方法可以返回 written 的当前值。

（10） void flush （）。该方法可以刷空输出流，并输出所有被缓存的字节，由于某些流支持缓存功能，该方法将把缓存中所有内容强制输出到流中。

（11） void close （）。该方法可以关闭当前流，释放与该流相关的资源，以防止资源泄漏。

【示例 A6_07】使用数据流将对象成员属性信息存入文件，并读出显示。代码如下：

```
01  import java.io.* ;  //导入 io 包
02  public class A6_07 {
03     public static void main(String[] args) {
04           //定义一个 Student 类型的数组,里面包含 3 个 Student 对象
05         Student[] Students = {
06           new Student("1njd12300","王过",90.5f,80.0f,95.0f);,
07           new Student("1njd12301","王明",95.0f,82.0f,70.0f);
08           new Student("1njd12302","王亮",88.5f,93.0f,55.0f)};
09         try{
10         DataOutputStream dataOutputStream = new DataOutputStream(
11                                   new FileOutputStream("e:\\my.dat"));
12         Student Student = null;
13         for (int i = 0; i < Students.length;i ++){
14            Student = Student[i];
15            dataOutputStream.writeUTF(Student.getStuno());  //写 UTF 字符串
16            dataOutputStream.writeUTF(Student.getName());  //写 UTF 字符串
17            dataOutputStream.writeFloat(Student.getMath());  //写 float 数据
18            dataOutputStream.writeFloat(Student.getEnglish(();  //写 float 数据
19            dataOutputStream.writeFloat(Student.getCommputer());
20              //写入 float 数据
21         }
22         dataOutputStream.flush();  /刷新所有数据至目的地
23         dataOutputStream.close();  //关闭流
24         DataInputStream dataInputStream = new DataInputStream(
```

```
25                                      new FileInputStream("e:\\my.dat");
26          //下面读出数据并还原为对象
27        for (int i = 0; i < Student.length;i ++) {
28            Striing stuno = dataInputStream.readUTF();  //读出UTF字符串
29            String name = dataInputStream.readUTF();  //读出UTF字符串
30            float math = dataInputStream.readFloat();  //读出float数据
31            float english = dataInputStream.readFloat();  //读出float数据
32            float computer = dataInputStream.readFloat();  //读出float数据
33            Students[i] = new Student(stuno,name,math,english,computer);
34        }
35        dataInputStream.close();  //关闭流
36          //按格式循环输出Students数组中的数据
37        for (int i = 0;i < Students.length;i ++) {
38            System.out.println("#" + Students[i].getStuno() + "\t"
39                    + Students[i].getName() + "\t" + Students[i].getMath(
40                    + "\t" + Students[i].getEnglish() + "\t"
41                    + Students[i],getComputer() + "\t" + "#");
42        }
43      } catch (IOException e){
44        e.printStackTrace();
45      }
46    }
47  }
48  class Student {  //定义学生类
49      private String stuno;  //学生编号
50      private String name;  //学生姓名
51      private float math;  //学生数学成绩
52      private float english;  //学生英语成绩
53      private float computer;  //学生计算机成绩
54      public Student() {    }
55        //定义拥有5个参数的构造方法,为类中的属性初始化
56      public Student(String s, String n, float m, float e, float c){
57      this.setStuno(s);  //调用设置编号方法
58      this.setName(n);  //调用设置姓名方法
59      this.setMath(m);  //调用设置数学成绩方法
60      this.setEnglish(e);  //调用设置英语成绩方法
61      this.setComputer(c);  //调用设置计算机成绩方法
62    }
63    public void setStuno(String s) {  //设置学生编号
64      stuno = s;
65    }
66    public void setName(String n) {  //设置学生姓名
```

```
67      name = n;
68    }
69    public void setMath(float m) {   //设置学生数学成绩
70      math = m;
71    }
72    public void setEnglish(float e) {   //设置学生英语成绩
73      english = e;
74    }
75    public void setComputer(float c) {   //设置学生计算机成绩
76      computer = c;
77    }
78    public String getStuno() {   //获取学生编号
79      return stuno;
80    }
81    public String getName() {   //获取学生姓名
82      return name;
83    }
84    public float getEnglish() {   //获取学生数学成绩
85      return math;
86    }
87    pulic float getEnglish() {   //获取学生英语成绩
88      return english;
89    }
90    public float getComputer() {   /获取学生计算机成绩
91      return computer;
92    }
93  }
```

【运行结果】

在控制台输出：

```
#1njd12300  王过  90.5  80.0  95.0  #
#1njd12301  王明  95.0  82.0  70.0  #
#1njd12302  王亮  88.5  93.0  55.0  #
```

第四节 字 符 流

字符流类分为字符输入流类和字符输出流类。Reader 类及其子类实现多种字符输入流，Writer 类及其子类实现多种字符输出流。字符流一次读写 16 位二进制数并将其作为一个字符而不是二进制位来处理。字符流是针对字符数据特点进行优化的，因此提供了一些面向字符的有用特性。字符流的来源或目标通常是文本文件。

一、Reader

Reader 是所有以字符为单位的输入流的父类，例如，FileReader 就是用来读取文本文件中数据的流类，它是 Reader 类的子类。

字符输入流类及其子类的层次结构如图 6-8 所示。

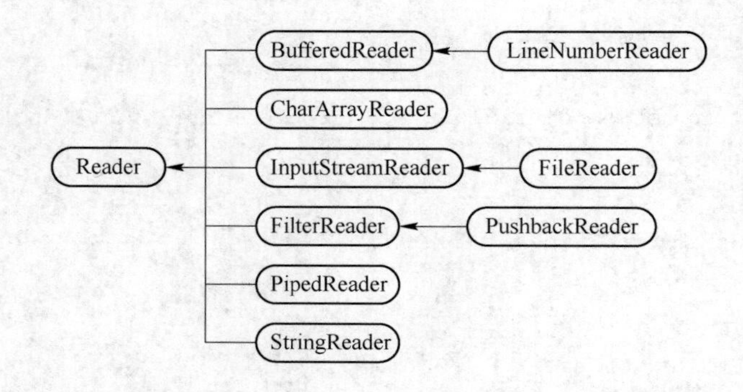

图 6-8　字符输入流类及其子类的层次结构

字符输入流类的主要方法如下：

（1） public abstract int read()。该方法可以读取单个字符，返回读取的字符。

（2） public int read （char[]）。该方法可以从输入流中读取一定数量的字符并将其存放到字符数组中。

（3） public int read （char[] b，int startIndex，int len）。该方法可以从输入流中的 startIndex 位置读取 len 个字符并放到字符数组 b 中。

（4） public void close()。该方法可以关闭输入流。

二、Writer

Writer 是所有以字符为单位的输出流的父类，例如，FileWriter 就是用来向文本文件写数据的流类，它是 Writer 类的子类。

字符输出流类及其子类的层次结构如图 6-9 所示。

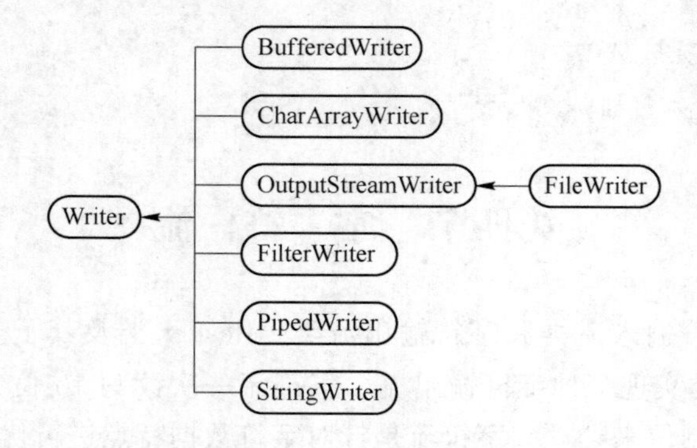

图 6-9　字符输出流类及其子类的层次结构

字符输出流类的主要方法如下：

(1) public void write (int b)。该方法可以向输出流中写一个字符 b。

(2) public void write (char b[ ])。该方法可以向输出流中写一个字符数组 b。

(3) public void write (char b[ ], int off, int len)。该方法可以将字符数组 b 中从下标 off 开始、长度为 len 的字符写入输出流中。

(4) public void write (String str)。该方法可以向输出流中写一个字符串 str。

(5) public void write (String str, int off, int len)。该方法可以将字符串 str 中从 off 位置开始、长度为 len 的字符写入输出流中。

(6) public Writer append (CharSequence csq)。该方法可以将字符序列添加到输出流中。

(7) public Writer append (Char c)。该方法可以将字符 c 添加到输出流中。

(8) public void flush( )。该方法可以刷空输出流并输出所有被缓存的字节。

(9) public void close( )。该方法可以关闭输出流并释放资源。

三、FileReader 类

该类作为用来读取字符文件的便捷类而存在。它的构造方法如下：

FileReader (File file);

该方法读取 File 实例中的内容并把它转换为字符流。

其主要方法如下：

(1) public int read( )。该方法可以读取单个字符，如果已达到流末尾，则返回 -1。

(2) public int read (char [ ] cbuf)。该方法可以将字符读入数组并返回读取的字符数。如果已经到达尾部，则返回 -1。

(3) public void close( )。该方法可以关闭此流对象并释放与之关联的所有资源。

【示例 A6_08】通过 File 类对文件进行读取操作。代码如下：

```
01 import java.io.File;
02 import java.io.FileReader;
03 import java.io.FileNotFoundException;
04 import java.io.IOException;
05 public class A6_08 {
06     public static void main(String[] args) {
07         File file = new File("messages\data01.txt");
08         FileReader fread = null;
09
10         try {
11             if (file.exists()) {
12                 fread = new FileReader(file);
13
14                 int charCode = fread.read();
15                 while (charCode ! = -1) {
```

```
16                  System.out.print((char)charCode);
17                  charCode = fread.read();
18              }
19          }
20      } catch (FileNotFoundException e) {
21          e.printStackTrace();
22      } catch (IOException e) {
23          e.printStackTrace();
24      } finally {
25          try {
26              if (fread ! = null) {
27                  fread.close();
28              }
29          } catch (IOException e) {
30              e.printStackTrace();
31          }
32      }
33  }
34 }
```

【运行结果】

```
欢迎进入 Java 世界
Java 程序设计实例教程
```

【程序分析】

(1)代码 12 创建了 FileReader 类的对象,建立对文件的输入流。

(2)代码 14 中的 read()方法每次读取一个字符并将字符的编码作为返回值,因此,read()方法的返回值类型为 int。

(3)代码 15 至 18 利用循环来完成文件内容的读取操作。当读到文件末尾时 read()方法返回值是 -1。

(4)代码 27 用于关闭流并释放资源。

注意事项

只要是内存操作就会有风险,因此需要关闭流并释放资源,同时 close () 方法需要声明抛出异常。

四、FilieWriter 类

该类作为用来写入字符文件的便捷类而存在。它提供了两个构造方法。

public FileWriter (File file);

该方法打开 File 实例，保证能够在该实例中写入内容。

public FileWriter（File file，boolean append）;

该方法设置对文件的操作是否为续写。

主要方法如下：

（1）public void write（String str）。该方法可以写入字符串，此时字符数据会保存在缓冲区。

（2）public viod flush()。该方法可以刷新并将缓冲区的字符数据保存到目的文件中去。

（3）public viod close()。该方法可以关闭此流。在关闭后如果再进行写入或刷新操作，则会抛出 IOException 异常。

多次执行 WriteFileDemo 示例会发现，文件 data02. txt 的内容好像没有变化。其实并不是没有变化，而是输出流对象创建之后，会将文件清空。

【示例 A6_09】通过 File 类对文件进行写操作。代码如下：

```
01  import java.io.FileWriter;
02  import java.io.IOException;
03  public class A6_09 {
04     public static void main(String[] args) {
05         FileWriter fw = null;
06         try {
07            fw = new FileWriter("messages\\data02.txt");
08
09            fw.write("花间一壶酒,独酌无相亲。");
10            fw.write("举杯邀明月,对影成三人。");
11            fw.flush();
12         } catch (IOException e) {
13            e.printStackTrace();
14         } finally {
15            try {
16               if (fw ! = null) {
17                  fw.close();
18               }
19            } catch (IOException e) {
20                e.printStackTrace();
21            }
22         }
23     }
24  }
```

【程序分析】

运行这个程序之后用鼠标选中项目,然后按〈F5〉键刷新,在 messages 路径中就可以看见 data02. txt 文件。

(1)代码 07 创建 FileWriter 类对象,获取输出流。如果 data02. txt 之前不存在,FileWriter 类的构造方法会创建新的文件。

(2)代码 09 和 10 中输出流对象的 write()方法将字符串写入文件中。

(3)代码 11 调用了 flush()方法刷新流中的缓冲区。为了提高性能,Java 的输出流是有缓冲的,不是每执行一次 write()方法就写一次磁盘,而是在输出流中将写的内容暂时存起来,当缓冲到一定量的时候才写入磁盘。调用输出流对象的 flush()方法或关闭输出流,都可以使内存的内容写入磁盘。

五、BufferedReader 类

BufferedReader 类中定义了一个方法 readLine()，返回值是 String 类型，一次可以读取一行数据。可以指定缓冲区的大小，或者可使用默认的大小。下面是这个类的主要方法：

（1） public BufferedReader （Reader in）：构造方法，参数为 Reader 类型的对象。

（2） public BufferedReader （Reader in，int sz）：构造方法。其中，in 为 Reader 类型的对象；sz 指定字符缓冲区长度。

（3） public String readLine()。该方法可以读取一行字符串，输入流结束时返回 null。

六、BufferedWriter 类

BufferedWriter 类用于缓冲各个字符，从而提供单个字符，数组和字符串的高效写入。可以指定缓冲区的大小，或者使用默认的大小。下面是这个类的主要方法：

（1） public BufferedWriter （Writer out）。其为构造方法，参数为 Writer 类型的对象。

（2） public void write （Writer out，int sz）。其为构造方法。其中，out 为 Writer 类型的对象；sz 指定字符缓冲区长度。

（3） public void newLine()。该方法可以写入一个换行符。

BufferedReader 和 BufferedWriter 被看成相对高级的流类，不与底层的文件直接交互，而是通过 FileReader 和 FileWriter 这样相对低级的流类，建立与操作系统文件的联系。

【示例 A6_10】创建一个文本文件，以字符方式写入一组整数数据，然后再将该文件内容显示在显示器上。

```
01 import java.io.*;
02 class CharFileRWStream {
03 private String filename;
04 public CharFileRWStream(String filename){
05 this.filename = filename;
06 }
07 //将数据写入指定文件
08 public void write2File(int[]buffer)throws IOException{
09 //为指定文件创建文件输出流对象
10 FileWriter fout = new FileWriter(this.filename);
```

```
11  BufferedWriter dout = new BufferedWriter(fout);
12  for(int i = 0;i < buffer.length;i ++){
13  //写入输出流
14  dout.write(buffer[i] + "");
15  if((i +1)% 10 = =0)dout.newLine();    //换行
16  }
17  dout.close();
18  fout.close();
19  System.out.println("成功写入文件:" + this.filename);
20  }
21  //将指定文件中的数据读入
22  public void readFileContent()throws IOException{
23  //为指定文件创建文件输入流对象
24  FileReader fin = new FileReader (this.filename);
25  BufferedReader din = new BufferedReader(fin);
26  System.out.println("从文件读取:" + this.filename);
27  int count = 0;
28  String aline = null;
29  do{
30    aline = din.readLine();    //按行读入字符串,结束时返回 null
31   if(aline! = null){
32   System.out.println(aline);
33   count ++;
34   }
35  }while(aline! = null);
36   System.out.println("本次读入" + count + "行数据");
37 din.close();
38   fin.close();
39   }
40   }
41  public class CharIODemo{
42   public static void main(String arg[])throws IOException{
43   int[]buffer = new int[20];
44   for(int i = 0;i < 20;i ++){
45   buffer[i] = (int)(Math.random()* 100);
46   }
47   CharFileRWStream fileStream = new
48                          CharFileRWStream("CharFile.dat");
49   fileStream.write2File(buffer);
50   fileStream.readFileContent();
51   }
52  }
```

【运行结果】

```
成功写入文件:CharFile.dat
从文件读取:CharFile.dat
41483610147524613158
47188265190748337753
本次读入 2 行数据
```

【程序分析】

如果需要读写文件内容,必须先创建文件字符输入、输出流,然后再创建缓冲字符输入、输出流,以字符方式实现对整数的读写。例如,

```
FileWriter fout = new FileWriter(this.filename);
BufferedWriter dout = new BufferedWriter(fout);
```

第五节 其 他 流

一、对象输入输出流

Java 是面向对象的编程语言，在程序中使用得最多的是各种对象。由于对象往往包含各种数据类型的属性，因此当需要将对象保存到文件或从文件中读取对象时，Java 提供对象流来进行相关操作。对象流分为对象输入流 ObjectInputStream 类和对象输出流 ObjectOutputStream 类。

（一） ObjectInputStream 类

ObjectInputStream 类的主要方法如下：

（1） public ObjectInputStream （InputStream in）。该方法可以将字节输入流 in 串接成一个对象输入流。

（2） public final Object readObject （）。该方法可以从对象输入流中读取一个对象。

（二） ObjectOutputStream 类

ObjectOutputStream 类的主要方法如下：

（1） public ObjectOutputStream （OutputStream out）。该方法可以将字节输出流 out 串接成一个对象输出流。

（2） public final void writeObject （Object obj）。该方法可以向对象输出流中写入一个对象。

（三） 对象序列化

所谓对象序列化，就是把对象转化为一系列的字节来记录自己的过程，把一个对象写入一个字节流并存储到指定的区域存储的过程。一个对象包含多种类型的数据信息，在程序中使用对象流读取对象或写入对象时，为了保证能把对象写入文件并能再把对象正确读出，对象必须序列化。

注意事项

> 一个类实现了 Serializable 接口，那么由该类创建的对象就是序列化对象。需要注意的是，Serializable 接口没有任何方法只是一个标记性接口。

【示例 A6_11】将由 10 个点对象组成的链表写入 c:\pt. ser 中，然后从文件中读回这 10 个对象，并在屏幕上打印出来。

```
01  import java. io. * ;  //导入 io 包
02  //由于 Point 类的对象要存盘,所以必须实现 Serializable 接口
03  class Point implements Serializable{
04     private int x;  //定义私有整形变量 x
05     private int y;  //定义私有整形变量 y
06     public Point (int x, int y){  //定义有两个参数的构造方法
07         this. x = x;
08         this. y = y;
09     }
10     public Point (int x){  //定义有 1 个参数的构造方法
11         this (x, 0);
12     }
13     public Point (){  //定义没有参数的构造方法
14         this (0, 0);
15     }
16     public String toString (){
17         return" (" + x + "," + y + ")";  //定制该点对象的输出格式
18     }
19  }
20  public class ObjectRW{
21     public static void main (String args[ ])throws Exception{
22         ObjectOutputStream oos = new ObjectOutputStream (new FileOutput
23    Stream (
24                     "e:\\pt. txt"));  //将二进制文件串接成一个对象输出流
25         for (int k = 0; k < 10; k ++){
26             oos. writeObject (new Point (K,2 *  K));  //将点对象写入文件中
27         }
28         oos. flush ();  //刷新此输出流并强制写出所有缓冲区数据
29         oos. close ();  //关闭流
30         ObjectInputStream ois = new ObjectInputStream (new FileInputStream (
31                     "e:\\pt. txt"));  //将二进制文件串接成一个对象输入流
32         for (int k = 0; k < 10;k ++){
33             Point pt = (Point) ois. readObject ();  //从文件中读入点对象
```

```
34                System.out.print(pt + " ");  //在屏幕上打印出来
35            }
36            ois.close();  //关闭流
37        }
38    }
```

【运行结果】

在控制台输出：

```
(0,0)(1,2)(2,4)(3,6)(4,8)(5,10)(6,12)(7,14)(8,16)(9,18)
```

二、文件随机访问

RandomAccessFile 类的实例支持读取和写入随机访问文件。随机访问文件的行为类似存储在文件系统中的大量字节，用游标或索引到隐含的数组读取字节，游标和数组称为文件指针；输入操作读取从文件指针开始的字节，并使文件指针超过计取的字节。如果在读/写模式下创建随机访问文件，则输出操作也可用；输出操作从文件指针开始写入字节，并将文件指针提前到写入的字节。写入隐式数组的当前端的输出操作会导致扩展数组。文件指针可以通过读取 getFilePointer 方法和设置 seek 方法。

简单来讲，I/O 字节流和包装流等都是按照文件内容的顺序来读/写的。而这个随机访问文件流可以在文件的任意地方写入数据，也可以读取任意地方的字节。

主要方法如下：

（1） void seek （long pos）。该方法可以设置到此文件开关测量到的文件指针偏移量，在该位置发生下一个读/写操作。

（2） void setLength （loong newLength）。该方法可以设置此文件的长度。

构造方法如下：

（1） RandomAccessFile （File file，String mode）。该方法可以创建从中读取和向其中写入（可选）的随机访问文件流，该文件由 file 参数指定。

（2） RandomAccessFile （String name，String mode）。该方法可以创建从中读取和向其中写入（可选）的随机访问文件流，该文件具有指定名称。

【示例 A6_12】通过可读写随机访问文件对象，把一个 int 数组中的整数写入文件，然后分别从文件的开始到结束和从文件的结束到开始两种方式读取文件。

```
01  import java.io.IOException;
02  import java.io.RandomAccessFile;
03  public class A6_11 {
04    public static void main(String args[]){
05    int data_arr[]={20,33,12,10,52,45,48,10,21,11};
06    try{
07    RandomAccessFile randf=new
08                     RandomAccessFile("randomfile.dat","rw");
```

```
09    for(int i=0;i<data_arr.length;i++){
10  //向文件中写入整数
11      randf.writeInt(data_arr[i]);
12  }
13    System.out.println("向文件写入信息完毕!");
14
15    System.out.println("从文件末尾读取,直到文件首部!");
16    for(int i=data_arr.length-1;i>=0;i--){
17  //一个 int 数占 4 个字节,移动到下一个数的读写位置
18      randf.seek(i*4);
19      System.out.print(" "+randf.readInt());
20  }
21    System.out.println("\n从文件首部读取,直到文件末尾!");
22    for(int i=0;i<data_arr.length;i++){
23      randf.seek(i*4);
24      System.out.print(" "+randf.readInt());
25  }
26    randf.close();
27  }catch(IOException e){
28  System.out.println("文件操作错误!");
29      }
30    }
31  }
```

【运行结果】

```
向文件写入信息完毕!
从文件末尾读取,直到文件首部!
11 21 10 48 45 52 10 12 33 20
从文件首部读取,直到文件末尾!
20 33 12 10 52 45 48 10 21 11
```

实 战 训 练

（1）应用图形用户界面中的菜单和 I/O 流实现简单的记事本功能。其中，可以进行文件的打开和保存操作，还可以对文件进行编辑及格式设置。代码如下：

```
01  import java.awt.*;
02  import javax.swing.*;
03  import java.awt.event.*;
04  import java.io.*;
05  public class Nodepad extends JFrame{
```

```
06 private JTextArea editor;
07 private Container c;
08 private Font f = new Font("sanserif",Font.PLAIN,12);
09   //声明菜单
10 private JMenuBar mb;
11 private JMenu fileMenu, editMenu;
12 private JMenuItem fileMenuOpen,fileMenuSave,fileMenuExit;
13 private JMenuItem editMenuCopy,editMenuCut,editMenuPaste;
14   //声明弹出式菜单
15 private JPopupMenu pm;
16 private JMenuItem item1,item2,item3,item4,item5;
17 public Nodepad(String str) {
18 super(str);
19 setSize(400,300);
20 c = getContentPane();
21   //创建一个文本区
22 editor = new JTextArea();
23   //设置滚动条并添加到内容面板
24 c.add(new JScrollPane(editor));
25   //文件菜单的实现
26 mb = new JMenuBar();
27 fileMenu = new JMenu("文件(F)");
28 fileMenuOpen = new JMenuItem("打开(O) Ctrl + O");
29 fileMenuSave = new JMenuItem("保存(S) Ctrl + S");
30 fileMenuExit = new JMenuItem("退出");
31   //创建并注册监听器
32 JMHandler JM = new JMHandler();
33 fileMenuOpen.addActionListener(JM);
34 fileMenuSave.addActionListener(JM);
35 fileMenuExit.addActionListener(JM);
36 fileMenu.add(fileMenuOpen);
37 fileMenu.add(fileMenuSave);
38 fileMenu.addSeparator();
39 fileMenu.add(fileMenuExit);
40 fileMenu.setFont(f);
41   //编辑菜单的实现
42 editMenu = new JMenu("编辑(E)");
43 editMenuCopy = new JMenuItem("复制(C) Ctrl + C");
44 editMenuCut = new JMenuItem("剪切(T) Ctrl + X");
45 editMenuPaste = new JMenuItem("粘贴(P) Ctrl + v");
46 EMHandler EM = new EMHandler();
47 editMenuCopy.addActionListener(EM);
```

```
48 editMenuCut.addActionListener(EM);
49 editMenuPaste.addActionListener(EM);
50 editMenu.add(editMenuCopy);
51 editMenu.add(editMenuCut);
52 editMenu.add(editMenuPaste);
53 editMenu.setFont(f);
54   //将菜单添加到菜单栏上
55 mb.add(fileMenu);
56 mb.add(editMenu);
57   //弹出菜单的实现
58 pm =new JPopupMenu();
59 item1 = new JMenuItem("打开");
60 item2 = new JMenuItem("保存");
61 item3 = new JMenuItem("复制");
62 item4 = new JMenuItem("剪切");
63 item5 = new JMenuItem("粘贴");
64 JPHandler JP=new JPHandler();
65   //注册菜单项的鼠标事件监听器
66 item1.addActionListener(JP);
67 item2.addActionListener(JP);
68 item3.addActionListener(JP);
69 item4.addActionListener(JP);
70 item5.addActionListener(JP);
71   //注册文本区的鼠标事件监听器
72 editor.addMouseListener(JP);
73 pm.add(item1); pm.add(item2);
74 pm.add(item3); pm.add(item4);
75 pm.add(item5);
76 setJMenuBar(mb);
77 setVisible(true);
78 setDefaultCloseOperation(JFrame.EXIT_ON_CLOSE);
79 }
80   //自定义类实现文件菜单项的事件处理
81 private class JMHandler implements ActionListener{
82 public void actionPerformed(ActionEvent e){
83 if(e.getSource() = =fileMenuOpen){ loadFile(); }
84  else if(e.getSource() = =fileMenuSave){ saveFile(); }
85 else{System.exit(0);}
86 }
87 }
88 public void loadFile(){   //打开文件的方法
89 JFileChooser fc=new JFileChooser();
```

```
90  int r = fc.showOpenDialog(this);
91  if(r = = JFileChooser.APPROVE_OPTION){
92  File file = fc.getSelectedFile();
93  try{
94   editor.read(new FileReader(file),null);
95  }catch(IOException e){}
96  }
97  }
98  public void saveFile(){    //保存文件的方法
99  JFileChooser fc = new JFileChooser();
100  int r = fc.showSaveDialog(this);
101  if(r = = JFileChooser.APPROVE_OPTION) {
102  File file = fc.getSelectedFile();
103  try{
104   editor.write(new FileWriter(file));
105  }catch(IOException e){}
106  }
107  }
108     //编辑菜单项的事件处理
109  private class EMHandler implements ActionListener{
110   public void actionPerformed(ActionEvent e){
111   if(e.getSource() = = editMenuCopy){   //实现复制功能
112   editor.copy();
113   editor.requestFocus();
114   }
115  else if(e.getSource() = = editMenuCut) {   //实现剪切功能
116   editor.cut();
117   editor.requestFocus();
118   }
119  else{   //实现粘贴功能
120    editor.paste();
121    editor.requestFocus();
122    }
123     }
124  }
125     //自定义类实现弹出式菜单的事件处理
126   private class JPHandler implements ActionListener,MouseListener{
127   public void actionPerformed(ActionEvent e){
128   if(e.getSource() = = item1){ loadFile(); }   //实现打开文件功能
129   else if(e.getSource() = = item2) {saveFile();}  //实现保存文件功能
130   else if(e.getSource() = = item3){   //文件复制
131   editor.copy();
```

```
132 editor.requestFocus();
133   }
134 else if(e.getSource()==item4){   //文件剪切
135 editor.cut();
136 editor.requestFocus();
137   }
138 else {   //文件粘贴
139 editor.paste();
140 editor.requestFocus();
141   }
142 }
143 public void mouseReleased(MouseEvent e){
144 if(e.isPopupTrigger())   //判断是否按下鼠标右键
145   pm.show(editor,e.getX(),e.getY());   //显示弹出式菜单
146   }
147 public void mouseClicked(MouseEvent e){}
148 public void mouseEntered(MouseEvent e){}
149 public void mouseExited(MouseEvent e){}
150 public void mousePressed(MouseEvent e){}
151   }
152 public static void main(String[]args){
153 Nodepad N=new Nodepad("简单记事本");
154   }
155 }
```

【运行结果】

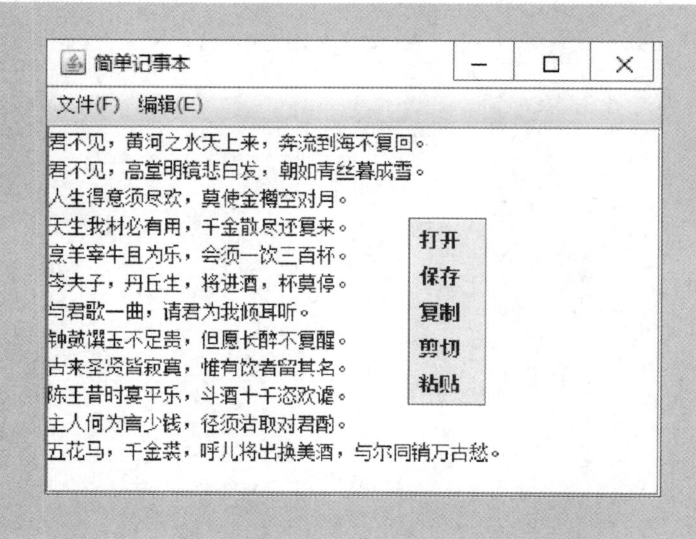

【程序分析】

本示例程序应用了菜单方式对文件进行读和写的操作,同时还可以在文本区域对文件进行编辑操作。

第七章　多　线　程

（1）掌握线程概念及常用方法；

（2）掌握多线程的操作方法；

（3）掌握线程的同步机制；

（4）掌握线程的优先级。

第一节　认 识 线 程

现在个人计算机上的操作系统都支持多任务处理技术。多任务处理有基于进程和基于线程两种类型。

其中，进程就是一个正在运行的程序。通常，进程中代码是按顺序执行的，这种执行方式称为串行。进程是资源申请调度和独立运行的单位，它使用系统中运行资源，而程序不能申请系统资源，不能被系统调度，也不能作为独立运行的单位，因此，它不占用系统的运行资源。

线程就是将原本串行的代码变为并行的。线程是存在于进程中的，一个线程相当于它所在进程的一个分支。每个线程都拥有各自的 CPU 时间，既可以共享所在进程的数据，也可以拥有各自的本地数据。

> Java 中的多线程是一种抢占机制而不是分时机制，抢占机制指的是有多个线程处于可运行状态，但是只允许一个线程在运行，它们通过竞争的方式抢占 CPU。

一、实现多线程

（一）继承 Thread 类，重写 run( ) 方法

Java 中线程也是对象，而且只能是 Thread 类的对象。程序中创建了多少个 Thread 类的对象，运行时就有多少个线程分支。Thread 类的构造方法如下：

```
public Thread(ThreadGroup group,Runnable target,String name);
```

其中，group 表示该线程所属的线程组；target 表示用来执行线程体的目标对象；name 表示线程名称。

当上述构造方法缺少某个参数时，可分别得到下面的构造方法：

```
public Thread();
public Thread(Runnable target);
public Thread(Runnable target,String name);
public Thread(String name);
public Thread(ThreadGroup group,Runnable target);
public Thread(ThreadGroup group, String name);
```

如果构造方法中没有 target 参数，则继承 Thread 类的子类必须继承 Runnable 接口来实现 run（）方法。

【示例 A7_01】继承 Thread 类实现多线程。

```
01  class Thread2 extends Thread {
02     Thread2(String s){
03        super(s);
04    }
05     public void run() {
06         printi();
07     }
08     public void printi() {
09     for (int i = 0; i < 5; i ++){
10    System.out.println(Thread.currentThread().getName() +"i = " + i);
11         }
12     }
13  }
14
15  public class A7_01 {
16     public static void main(String[] args) {
17         Thread t1 = new Thread2("线程 1");
18         Thread t2 = new Thread2("线程 2");
19
20         t1.start();
21         t2.start();
22     }
23  }
```

【运行结果】

```
线程 1i = 0
线程 2i = 0
线程 2i = 1
线程 2i = 2
```

```
线程2i = 3
线程1i = 1
线程1i = 2
线程1i = 3
线程1i = 4
线程2i = 4
```

【程序分析】

(1)代码10中Thread. currentThread(). getName()方法是获得正在执行线程的名称。
(2)代码17和18创建了两个Thread类的对象。
(3)代码20和21调用了Thread类的start()方法,启动线程。
从程序的运行结果可以看出,有两个printi()方法在执行,而且是并行执行的。

（二）实现 Runnable 接口，并实现该接口的 run（）方法

Runnable 接口中只有一个 run（）方法，声明如下：

```
public void run();
```

每个线程都拥有各自的 run（）方法。run（）方法是线程的线程体，创建一个线程并调用 start（）方法启动后，一旦被调度获得 CPU 的使用权，Java 的运行系统就自动调用 run（）方法运行线程。实现 Runnable 接口的主要步骤如下：

（1）自定义类并实现 Runnable 接口及该接口的 run（）方法。

（2）创建 Thread 对象，用实现 Runnable 接口的对象作为参数实例化 Thread 对象。

（3）调用 Thread 对象的 start（）方法。

【示例 A7_02】实现 Runnable 接口创建线程。

```
01  class Thread3 implements Runnable {
02      public void run() {
03          printi();
04      }
05      public void printi() {
06          for (int i = 0; i < 5; i ++) {
07
08       System.out.println(Thread.currentThread().getName() +"i = " + i);
09          }
10      }
11  }
12  public class Thread3Demo{
13      public static void main(String[] args) {
14          Thread3 demo = new Thread3();
15
16          Thread t1 = new Thread(demo);
```

```
17          Thread t2  = new Thread(demo);
18
19          t1.start();
20          t2.start();
21      }
22  }
```

【运行结果】

```
Thread-0i = 0
Thread-0i = 1
Thread-1i = 0
Thread-1i = 1
Thread-1i = 2
Thread-1i = 3
Thread-1i = 4
Thread-0i = 2
Thread-0i = 3
Thread-0i = 4
```

【程序分析】

(1)代码 01 中 Thread3 类声明实现 Runnable 接口,这个接口中只有一个方法 run()。

(2)代码 15 至 18 中创建了 Thread3 类的对象 demo,但它不是线程对象,因此代码 17 和 18 创建了两个 Thread 类的对象并将 demo 作为参数传给了 Thread 类的构造方法。

(3)代码 20 至 21 启动线程。需要注意的是,只有线程的对象才能调用 start()方法来启动线程。

二、线程的生命周期

与进程一样，线程也是一个动态的概念，程序中的每个线程都会经历一个因创建而产生、因调度而运行、因撤销或执行完毕而消亡的生命周期。按照线程体在系统内存中的不同状态，可将线程分为新建、就绪、运行、阻塞和消亡 5 种状态。一个线程每一时刻总处于这 5 种状态中的某一种状态。

(一) 新建状态

用 new 关键字和 Thread 类或其子类建立一个线程对象后，该线程对象就处于新建状态。例如，下面语句:

Thread t1 = new Thread2("线程 1");

处于新建状态的线程有自己的内存空间，通过调用 start() 方法可以进入就绪状态。

(二) 就绪状态

处于就绪状态的线程已经具备了运行条件，处于线程就绪队列，但还没有分配到 CPU，正在等待系统为其分配 CPU。例如，下面语句:

t1.start();

等待状态并不是执行状态。当系统选定一个等待执行的 Thread 对象后，它会从等待执行状态进入执行状态。一旦获得 CPU，线程就进入运行状态并自动调用 run( ) 方法。

（三）运行状态

Java 运行时系统通过调度选中一个处于就绪队列里的线程，使其占有 CPU 并转为运行状态。对于处于运行状态的线程，此时系统正在执行该线程的 run( ) 方法。当线程的 run( ) 方法执行完毕，或者被强制性终止，如出现异常或者调用了 stop( )、destroy( ) 方法等，线程就会从运行状态转变为消亡状态。

（四）阻塞状态

处于运行状态的线程在某些情况下，如执行了 sleep( ) 方法或等待 I/O 设备等，将会让出 CPU 并暂时停止自己的运行，进入阻塞状态。

在阻塞状态的线程不能进入就绪队列。只有当引起阻塞的原因消除时，如睡眠时间已到或等待的 I/O 设备空闲下来，线程才能转入就绪状态，重新到就绪队列中排队等待，被系统选中后，从原来停止的位置开始继续运行。

（五）消亡状态

当线程的 run( ) 方法执行完或被强制性地终止，就认为它转为消亡状态了。如果在一个消亡的线程上调用 start( ) 方法，会抛出 java. lang. IllegalThreadStateException 异常。

【示例 A7_03】创建一个线程并运行。

```
01  package com;
02  public class ThreadTest{
03     public static void main(String[ ] args) {
04           //TODO Auto - generated method stub
05         MyThread t1  = new MyThread("线程 1");
06         MyRunnable t2  = new MyRunnable("线程 2");
07         t1. run();
08         System. out. println();
09         t2. run();
10     }
11  }
12  class MyThread extends Thread {
13     String name;
14     public MyThread(String str) {
15         super(str);
16         name = str;
17     }
18     public void run() {
19         for(int i =0;i <5;i ++){
20             System. out. print(name + "第" + (i +1) + "次运行,");
21         }
22     }
```

```
23 }
24 class MyRunnable implements Runnable {
25     String name;
26     public MyRunnable(String str) {
27         name = str;
28     }
29     public void run(){
30             //TODO Auto - generated method stub
31         for(int i =0;i <5;i ++){
32             System.out.print(name +"第" +(i +1) +"次运行,");
33         }
34     }
35 }
```

【运行结果】

线程1第1次运行,线程1第2次运行,线程1第3次运行,线程1第4次运行,线程1第5次运行。

线程2第1次运行,线程2第2次运行,线程2第3次运行,线程2第4次运行,线程2第5次运行。

启用线程是 start() 而不是 run()，调用 start() 方法来启动线程，系统会把 run() 方法当作线程执行体来处理；但如果直接调用线程对象的 run() 方法，则 run() 方法就立即会被执行，而且在 run() 方法返回之前其他线程无法并发执行。

三、线程的优先级

在 Java 程序运行时，各线程的运行按照基于优先级的“先来先服务”的调度规则进行。在 Java 中，线程的优先级用 SetPriorty() 方法设置，线程的优先级分为 1 ~ 10 个等级，如果小于 1 或大于 10，则抛出异常 throw new IllegalArgumentException()，默认值是 5。

（1）Thread. MIN_ PRIORITY：最低优先级，用 1 表示。

（2）Thread. MAX_ PRIORITY：最高优先级，用 10 表示。

（3）Thread. NORM_ PRIORITY：默认优先级，用 5 表示。

程序可以调用 getPriority() 方法获得线程的优先级别，也可以调用 setPriority(int p) 方法来设置线程的优先级别。

【示例 A7_04】举例说明线程的优先级别。代码如下：

```
01 class PriorityThread extends Thread{
```

```
02      PriorityThread(String msg){
03          super(msg);
04        System.out.println("Thread "+msg+" is Created!");
05      }
06      public void run(){
07        System.out.println(getName()+"\t Start Running!");
08        for(int i=1;i<4;i++){
09        System.out.println(getName()+" Priority:"+getPriority());
10      }
11        System.out.println(getName()+"\t end!");
12      }
13  }
14  public class A7_04 {
15      public static void main(String args[]){
16        PriorityThread t1 = new PriorityThread("Thread1");
17        PriorityThread t2 = new PriorityThread("Thread2");
18        PriorityThread t3 = new PriorityThread("Thread3");
19        PriorityThread t4 = new PriorityThread("Thread4");
20
21        System.out.println("\nSet Priority...\n");
22        t1.setPriority(Thread.MIN_PRIORITY);
23        t2.setPriority(Thread.MAX_PRIORITY);
24        t4.setPriority(8);
25        t1.start();t2.start();t3.start();t4.start();
26      }
27  }
```

【运行结果】

```
Thread Thread1 is Created!
Thread Thread2 is Created!
Thread Thread3 is Created!
Thread Thread4 is Created!

Set Priority...

Thread2 Start Running!
Thread2 Priority:10
Thread2 Priority:10
Thread2 Priority:10
Thread2 end!
Thread4 Start Running!
```

```
Thread4 Priority:8
Thread4 Priority:8
Thread4 Priority:8
Thread4 end!
Thread3 Start Running!
Thread3 Priority:5
Thread3 Priority:5
Thread3 Priority:5
Thread3 end!
Thread1 Start Running!
Thread1 Priority:1
Thread1 Priority:1
Thread1 Priority:1
Thread1 end!
```

【程序分析】

程序中创建了4个线程对象,其中将t1的优先级别设置为最低,t2的优先级别设置为最高,t4的优先级别设置为8(t3的优先级别为系统默认值5)。由程序的执行结果可以看出,线程的调度采用基于优先级别的策略,高优先级别的线程优先获得CPU的使用权。

第二节 操作线程的方法

一、线程同步

为了解决线程对共享资源访问的不确定性，需要寻找一种机制来保证对共享数据操作的完整性，这种机制称为共享数据操作的同步。在Java中，引入了“对象互斥锁”来实现不同线程对共享数据操作的同步。

用关键字synchronized来声明一个时刻只能有一个线程访问的共享资源或一个可以执行的方法。synchronized有两种方法，锁定一个共享对象和锁定一个方法。

（一）锁定一个共享对象

synchronized可锁定一个共享对象，格式如下：

```
synchronized(<对象名>){
语句序列    //代码临界区
}
```

关键字synchronized为共享对象设置了一个锁并在一个访问共享对象的方法中创建了一个代码临界区。所谓临界区，就是指程序中不能被多个线程同时执行的代码段。线程进入临界区之前，即执行临界区代码之前，它必须先获得该对象的锁。

一个线程要进入synchronized声明的临界区代码，运行时系统会检查是否有其他线程拥有该共享对象的锁，如果没有其他线程控制着共享对象的锁，Java运行的时候系统就将该对象的锁授予请求线程并且允许它进入临界区。如果有其他线程控制着锁，请求线程必须等待，直到当前线程离开临界区并且释放所有的锁后，请求线程才有机会获得锁并进入临界区。这种同步方法可实现多个线程对同一个对象的互斥访问，保证了线程对共享资源数据操作的完整性。

（二）锁定一个方法

线程共享的资源不仅可以是一个对象，还可以是一个变量或一个方法。用 synchronized 声明的方法是互斥方法，即一个时刻只能有一个线程执行该方法，其整个方法体为临界区代码。如果 synchronized 用在类声明中，则表明该类中的所有方法都是互斥方法。

锁定一个方法的格式如下：

```
synchronized <方法声明>{
  方法体  //临界区代码
}
或者
<方法声明>
    synchronized(this){
方法体   //临界区代码
}
```

多个线程对这个被锁定的方法的访问必须实现互斥，即一个时刻只能有一个线程访问、运行该方法并且锁定该方法，其他线程如果试图访问该方法，则必须等待。

> 锁是和对象相关联的，每个对象都有一把锁，为了执行 synchronized 语句，线程必须能够获得 synchronized 语句中表达式指定的对象的锁，一个对象只有一把锁，因此该锁被一个线程获得之后这个对象就不再拥有这把锁，线程在执行完 synchronized 语句后，将获得锁交还给该对象。

【示例 A7_05】synchronized 的示例。代码如下：

```
01  public class MySynchronized {
02      public synchroized static void method1 () throws InterrutedException {
03          System.out.println("线程 1 开始的时间::" + System.currentTimeMillis());
04          Thread.sleep(6000);
05          System.out.println("方法 1 开始执行的时间:" + System.currentTimeMillis());
06      }
07      public synchronized static void method2 () throws InterruptedException {
08          while (true) {
09              System.out.println("方法 2 正在运行");
10              Thread.sleep(200);  //休眠 200ms
11          }
```

```
12     }
13     static MySynchronized instance1 = new MySynchronized();  //第一个实例
14     static MySynchronized instance2 = new MySynchronized();  //第二个实例
15     public static void main(String[] args) {
16         Thread thread1 = new Thread(new Runnable() {  //匿名类
17                 @ Override
18                 public void run() {  //重写 run()方法
19                     try {
20                         instance1.method1();
21                     } catch (InterruptedException e) {
22                         e.printStackTrace();
23                     }
24                     for (int i = 1;i < 4; i ++) {
25                         try {
26                             Thread.sleep(200);
27                         } catch (InterruptedException e) {
28                             e.printStackTrace();
29                         }
30                         System.out.println("线程 1 还活着");
31                     }
32                 }
33             });
34         Thread thread2 = new Thread(new Runnable() {
35             @ Override
36             public void run() {
37                 try {
38                     instance2.method2();
39                 } catch (InterruptedException e) {
40                     e.printStackTrace();
41                 }
42             }
43         });
44         thread1.start();
45         thread2.start();
46     }
47 }
```

【运行结果】

```
线程 1 开始的时间:1543941024668
方法 1 开始执行的时间:1543941030669
方法 2 正在运行
```

```
方法 2 正在运行
线程 1 还活着
线程 1 还活着
方法 2 正在运行
线程 1 还活着
方法 2 正在运行
```

二、线程休眠

线程休眠的主要原因是线程设置了优先级。有可能出现优先级较高的线程没有处理完成，优先级别较低的线程得不到运行，但在优先级别较高线程需要使用优先级别较低的线程配合处理程序时，优先级别较高的线程让出 CPU，通常的做法是让该线程休眠。sleep( ) 的作用是让当前线程休眠，即当前线程会从“运行状态”进入“休眠（阻塞）状态”。sleep( ) 会指定休眠时间，线程休眠的时间会大于或等于该休眠时间，在线程重新被唤醒时，它会由“阻塞状态”变为“就绪状态”，从而等待 CPU 的调度执行。sleep( ) 有以下两种具体的实现方法：

（1） sleep(long millis)。该方法为线程睡眠 millis 毫秒。

（2） sleep(long millis， int nanos)。该方法为线程睡眠 millis 毫秒 + nanos 纳秒。

【示例 A7_06】 分别使用继承 Thread 类和实现 Runnable 接口的方法创建两个线程，每个线程打印 5 次，使继承 Thread 类等待 50 毫秒，使实现 Runnable 接口等待 50 毫秒和 40 纳秒。代码如下：

```
01 public class A7_06 {
02     public static void main(String[ ] args) {
03         MyThread MyThread = new MyTread();   //创建 MyThread 线程
04         Thread myRunnable = new Thread(new MyRunnable());
05           //创建 MyRunnable 线程
06         myThread.start();
07         myRunnable.start();
08     }
09 }
10 class MyThread extends Thread {   //MyThread 继承 Thread
11     @ Override
12     public void run() {   //重写 run()方法
13         for(int i = 0; i < 5;i ++) {
14               System.out.println("MyThread 第" +(i +1) + "次打印");
15               try {   //捕捉异常
16                  Thread.sleep(50);   //等待 50ms
17               } catch (InterruptedException e) {
18                  e.printStackTrace();
19               }
20           }
```

```
21        }
22  }
23  class MyRunnable implements Runnable{   //MyRunnable实现Runnable
24     @ Override
25     public void run() {   //重写run()方法
26         for (int i = 0;i < 5;i ++) {
27               System.out.println("MyRunnable第" + (i +1) + "次打印");
28               try {  //捕捉异常
29                  Thread.sleep(50,40);   //等待50ms40ns
30               } catch (InterruptedException e) {
31                  e.printStackTrace();
32               }
33          }
34     }
35  }
```

【运行结果】

```
MyRunnable第1次打印
MyThread第1次打印
MyRunnable第2次打印
MyThread第2次打印
MyThread第3次打印
MyRunnable第3次打印
MyThread第4次打印
MyRunnable第4次打印
MyRunnable第5次打印
MyThread第5次打印
```

因为sleep()是静态方法，所以最好的调用方法就是Thread.sleep()。线程的sleep()方法应该写在线程的run()方法中，以便使其对应的线程睡眠。

三、线程等待

wait()方法让当前线程进入等待状态，同时，wait()方法也会让当前线程释放它所持有的锁，直到其他线程调用此对象的notify()方法或notifyAll()方法。使用notify()方法和notifyAll()方法的作用是唤醒当前对象上的等待线程，其中notify()方法唤醒单个线程，而notifyAll()方法唤醒所有的线程。

【示例A7_07】线程等待与唤醒的实例。代码如下：

```
01  public classA7_07 {
02     public static void main(String[] args) {
03         MyThread myThread = new Mythread("A");
```

```
04          synchronized(myThread) {
05              try {   //启动线程 myThread
06                System.out.println(Thread.currentThread().getName() + "start
07                                                      myThread");
08                 myThread.start();  //主线程等待 myThread 通过 notify()唤醒
09                 System.out.println(Thread.currentThread().getName() + "wait()");
10                 myThread.wait();
11                   //不是使 myThread 线程等待,而是当前执行 wait()的线程等待
12                System.out.println(Thread.currentThread().getName()+"continue");
13              } catch (InterruptedException e) {
14                 e.printStackTrace();
15              }
16          }
17      }
18  }
19  class Mythread extends Thread {
20      public Mythread(String name) {
21          super (name);
22      }
23      public void run() {
24          synchronized (this) {
25              try {
26                 Thread.sleep(1000);  //使当前线程阻塞 1s,确保主程序的
27  //myThread.wait();执行之后再执行 notify()
28              } catch (Exception e) {
29                 e.printStackTrace();
30              }
31              System.out.println(Thread.currentThread().getName() +
32  "call notify()");
33                //唤醒当前的 wait 线程
34              this.notify();
35          }
36      }
37  }
```

【运行结果】

```
main start myThread
main wait()
A call notify()
main continue
```

四、线程死锁

死锁是指多个进程在运行过程中，因争夺资源而造成的一种僵局。当进行处于这种僵持状态时，若无外力作用，则它们都将无法再向前推进。导致死锁的根源在于不适当地运用 synchronized 关键词来管理线程以对特定对象的访问。synchronized 关键词的作用是确保在某个时刻只有一个线程被允许执行特定的代码块，因此，被允许执行的线程首先必须拥有对变量或对象的排他性访问权。当线程访问对象时，线程会给对象加锁，而这个锁导致其他也想访问同一对象的线程被阻塞，直至第一个线程释放它加在对象上的锁。

【示例 A7_08】多个锁间的嵌套产生死锁。代码如下：

```
01  public class A7_08 {
02     public static void main(String[] args) {
03         DieLock d1 = new DieLock(true);
04         DieLock d2 = new DieLock(false);
05         Thread t1 = new Thread(d1);
06         Thread t2 = new Thread(d2);
07         t1.start();
08         t2.start();
09     }
10  }
11  class MyLock {
12     public static Object obj1 = new Object();
13     public static Object obj2 = new Object();
14  }
15  class DieLock implements Runnable {
16     private boolean flag;
17     DieLock(boolean flag) {
18         this.flag = flag;
19     }
20     public void run() {  //重写 run()方法
21         if (flag) {
22             while (true) {
23                 synchronized (MyLock.obj1) {  //循环锁
24                     System.out.println(Thread.currentThread().getName()
25                             +"…if…obj1…");
26                     synchronized (MyLock.obj2) {
27                         System.out.println(Thread.currentThread().getName()
28                                 +"…if…obj2…");
29                     }
30                 }
31             }
32         } else {
```

```
33              while (true) {
34                  synchronized (MyLock.obj2) {
35                      System.out.println(Thread.currentThread().getName()
36                              +"...else...obj2...");
37                      synchronized (MyLock.obj1) {
38                          System.out.println(Thread.currentThread().getName()
39                                  +"...else...obj1...");
40                      }
41                  }
42              }
43          }
44  }
45  }
```

【运行结果】

```
Thread-0...if...obj1...
Thread-1...else...obj2...
```

【程序分析】

产生死锁原因是线程 0 想要得到 obj2 锁以进行下面的操作，而 obj2 锁被线程 1 所占有；线程 1 想得到 obj1 锁以进行下面的操作，而 obj1 锁被线程 0 所占有。

第三节 线 程 安 全

Java 线程安全是在多线程编程时计算机程序代码中的一个概念。在拥有共享数据的多条线程并执行的程序中，线程安全的代码会通过同步机制保证各个线程都可以正常且正确地执行，不会出现数据污染等意外情况。一个对象是否需要是线程安全的，取决于该对象是否被多线程访问，这是指程序中访问对象的方式，而不是对象要实现的功能。要使对象是线程安全的，要采用同步机制来协同对象可变状态的访问。Java 常用的同步机制是 Synchronized，还包括 volatile 类型的变量、显示锁及原子变量。

【示例 A7_09】手动创建一个线程不安全的类，然后在多线程中使用这个类，并调试这个类的效果。代码如下：

```
01  public class A7_09 {
02      public static void main(String[] args) {
03          MyRunnable myRunnable = new MyRunnable();
04          for(int i = 0; i < 5; i++) {  //启用5个线程
05            new Thread(myRunnable).start();
06          }
```

```
07      }
08  }
09  class MyRunnable implements Runnable {
10      Count count = new Count();
11      @ Override
12      public void run() {   //重写 run()方法
13          count.count();
14      }
15  }
16  class Count{   //计数类
17      private int sum;
18      public void count () {
19          for(int i = 0; i <= 5; i++) {
20              sun += i;
21          }
22          System.out.println(Thread.currentThread().getName() + " - " + sum);
23      }
24  }
```

【运行结果】

```
Thread - 0 - 30
Thread - 4 - 75
Thread - 3 - 60
Thread - 2 - 45
Thread - 1 - 30
```

【程序分析】

期望的第一个线程结果是30,运行的结果却不是,这是由于存在成员变量的类用于多线程时是不安全的,不安全体现在这个成员变量可能发生非原子性的操作,而变量定义在方法内,也就是局部变量,是线程安全的。

实战训练

(1) 编程模拟5位银行客户同时操作共享账户，其中运用了线程同步来解决对共享资源访问的问题。代码如下：

```
01  //银行账户类
02  class BankAccount{
03    private int balance;
04    BankAccount(){
```

```
05         balance = 0;
06      }
07    int getBalance(){
08         return balance;
09      }
10     //向账户汇款 n 元的方法
11   synchronized void add(int n){
12    int newBalance = balance + n;
13    System.out.println(Thread.currentThread().getName() +
14                                              "向账户汇款" + n + "元!");
15      //Thread.sleep(100)语句模拟银行交易处理的延迟
16    try{
17     Thread.sleep(100);
18   }
19   catch(InterruptedException e){
20    System.out.println(e);
21   }
22    balance = newBalance;
23    System.out.println("当前账户为" + balance + "元");
24   }
25  }
26     //银行客户类,每个客户都持有一个账户
27   class BankClient extends Thread{
28    BankAccount ba;
29    int number;
30    BankClient(BankAccount ba,int number){
31     this.ba = ba;
32     this.number  = number;
33   }
34   //客户向账户汇款
35       public void run(){
36    ba.add(number);
37     }
38   }
39     //执行类
40   public class BankDemo{
41    public static void main(String[] args){
42      //创建一个银行账户 ba
43    BankAccount ba = new BankAccount();
44    ThreadGroup tg = new ThreadGroup("BankClient Group");
45    int number;
46      //模拟 5 位银行客户同时操作账户 ba
```

```
47    for(int i =0;i <5;i ++){
48      number = 100* i +100;
49      Thread t =new Thread(tg,new BankClient(ba,number));
50      t.start();
51    }
52  }
53  }
```

【运行结果】

```
Thread -1 向账户汇款 100 元!
当前账户为 100 元
Thread -9 向账户汇款 500 元!
当前账户为 600 元
Thread -7 向账户汇款 400 元!
当前账户为 1000 元
Thread -5 向账户汇款 300 元!
当前账户为 1300 元
Thread -3 向账户汇款 200 元!
当前账户为 1500 元
```

【程序分析】

模拟5位银行客户同时操作同一账户的程序中涉及了多个线程对同一资源进行访问,应用synchronized关键字将add()方法声明为互斥方法,即一个时刻只能有一个线程可以执行该方法,因此只有当一个客户汇款完毕之后,其他客户才能开始汇款,从而保证了账户数据的正确性。

(2)通过多线程实现小球移动的动画,即单击“Start”按钮则从左上角生成一个球,球在界面移动并反弹;单击“Stop”按钮退出程序。代码如下:

```
01  import java.awt.* ;
02  import java.awt.event.* ;
03  import javax.swing.* ;
04  import java.util.* ;
05  //弹球线程类
06  class BallThread extends Thread{
07    MainPanel mainPanel;
08    private static final int XSIZE =20;
09    private static final int YSIZE =20;
10    private int x =0;
11       private int y =0;
12    private int dx =2;
13    private int dy =2;
```

```
14
15    public BallThread(MainPanel b){
16      mainPanel = b;
17    }
18  //画球方法
19    public void draw(){
20      Graphics g = mainPanel.getGraphics();
21      g.fillOval(x,y,XSIZE,YSIZE);
22      g.dispose();
23    }
24  //控制球移动方法
25    public void move(){
26       x + = dx;
27       y + = dy;
28       Dimension d = mainPanel.getSize();
29          //如果小球到达左边界,则小球反弹
30       if(x < 0){x = 0;dx = - dx;}
31          //如果小球到达上边界,则小球反弹
32       if(y < 0){y = 0;dy = - dy;}
33  //如果小球到达右边界,则小球反弹
34       if(x + XSIZE > = d.width ) {x = d.width  - XSIZE;dx = - dx;}
35  //如果小球到达下边界,则小球反弹
36       if(y + YSIZE > = d.height ) {y = d.height  - YSIZE;dy = - dy;}
37          //重画
38      mainPanel.repaint();
39    }
40  //线程执行体
41    public void run() {
42      try{
43       draw();
44      while(true){
45       move();
46       sleep(30);
47    }
48   }catch(Exception e){ System.out.println(e.getMessage()); }
49   }
50  }
51  //窗体面板类
52  class MainPanel extends Panel{
53   public Vector balls = new Vector();
54
55   public void paint(Graphics g){
```

```
56    for(int i=0;i<balls.size();i++){
57     BallThread ball = (BallThread)balls.elementAt(i);
58     ball.draw();
59    }
60   }
61 }
62
63 public class BallDemo extends JFrame implements ActionListener{
64   JButton jbtStart = new JButton("Start");
65   JButton jbtStop = new JButton("Stop");
66   MainPanel mp = new MainPanel();
67
68   public BallDemo (){
69     //窗体布局
70   this.getContentPane().add(mp,BorderLayout.CENTER);
71   mp.setBackground(Color.white);
72   JPanel p=new JPanel();
73   p.add(jbtStart);
74   p.add(jbtStop);
75   this.getContentPane().add(p,BorderLayout.SOUTH);
76     //为按钮增加监听
77   jbtStart.addActionListener(this);
78   jbtStop.addActionListener(this);
79 }
80  public void actionPerformed(ActionEvent e){
81    if(e.getSource()= =jbtStart){
82      //创建线程对象
83    BallThread b=new BallThread(mp);
84    mp.balls.addElement(b);
85      //线程开始
86    b.start();
87    }
88    else{ System.exit(0); }
89   }
90
91 public static void main(String[] args){
92   BallDemo bt = new BallDemo ();
93   bt.setSize(300,300);
94   bt.setVisible(true);
95   bt.setDefaultCloseOperation(JFrame.EXIT_ON_CLOSE);
96   }
97 }
```

【运行结果】

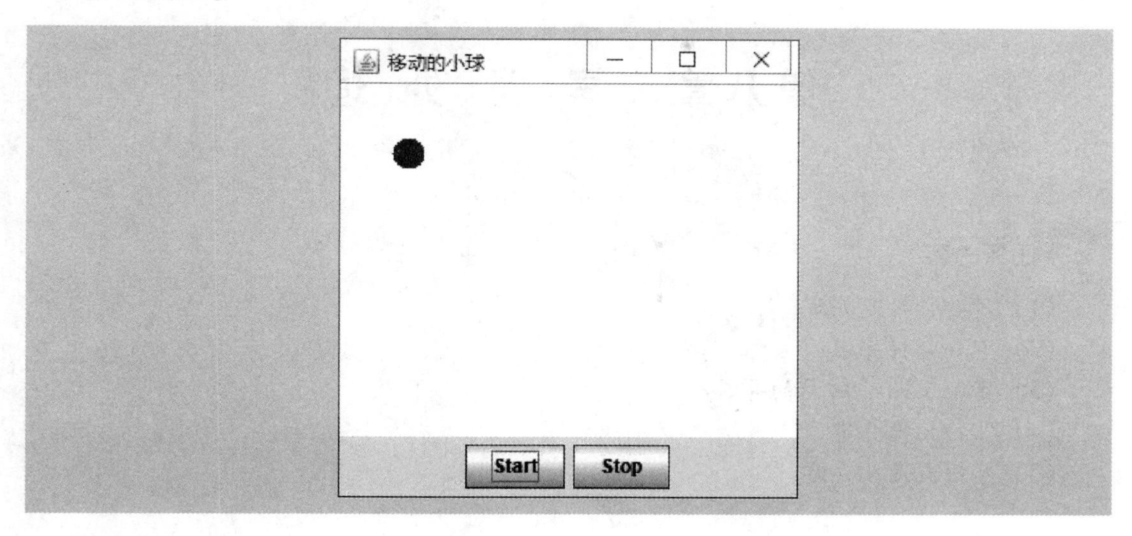

【程序分析】

本程序应用线程控制画球和小球移动反弹的操作，演示出了动态的效果。同时，程序还涉及图形用户界面中的窗体布局、事件监听及集合类中的 Vector 应用。

第八章　异 常 处 理

任务内容

（1）了解什么是异常；

（2）掌握捕捉异常；

（3）了解 Java 中常见的异常；

（4）掌握抛出异常；

（5）掌握自定义异常。

第一节　认识异常处理机制

Java 程序从书写到运行容易出现 3 种错误：词法错误、语法错误和语义错误。其中词法错误和语法错误发生在编译期间，而语义错误发生在运行期间。词法错误和语法错误都是很好修订的，但运行期间发生的错误是不可预测的。

一、异常的基本概念

在设计程序的过程中，涉及的程序错误包含两类：编译时错误和运行时错误。首先应将源程序进行编译，编译过程中会发现程序中存在的语法错误，编译程序能够检查出这些错误，这是正常现象，不属于异常。而在通过编译之后，在 JVM 中运行程序时可能因某种事件的出现，使程序产生错误而无法正常运行，这种现象称为异常（Exception）。例如，将两个整数进行除法运算，如果除数为零，程序将非法终止，这种现象在编译时不会出现错误，只有程序执行到含有除运算的语句时才发生错误。为保证程序的健壮性，针对异常的处理工作就称为异常处理。

异常是导致程序中断运行的一种指令流，如果不对异常进行正确的处理，则可能导致程序的中断执行，造成不必要的损失，所以在程序设计中要考虑各种异常的发生，并正确地做好相应的处理，这样才能保证程序正常执行。在 Java 语言中一切异常都秉承着面向对象的设计思想，所有异常都以类和对象的形式存在，除了 Java 类库中已经提供的各种异常类外，用户可以根据需要定义自己的异常类。

【示例 A8_01】异常的实现。代码如下：

```
01  public class A8_01 {
02      public static void main(String[ ] args) {
03          int x=28;  //声明被除数
04          int y=4;  //声明除数
```

```
05        System.out.println("x/y="+x/y);  //显示结果 x/y=7,不会发生错误的语句
06        y=y-4;  //修改除数的值,y=4-4=0
07        System.out.println("x/y="+x/y);  //此时 y=0,该语句将出现错误
08        System.out.println("程序结束!";)
09    }
10 }
```

【运行结果】

```
    x/y=7
    java.lang.ArithmeticException:/ by zero at ExceptionDemo.main (Exception-
Demo.java:7)
```

【程序分析】

从程序的运行结果可以看出,在第 7 条语句之间,程序运行情况正常。当运行到第 7 条语句时,由于此时的除数 y 已经等于 0,再进行除法运算,JVM 将运行错误显示出来,第 8 条语句并没有得到运行。

传统的处理方法是在可能出现异常的地方加上判断语句。例如,在第 7 条语句执行前,先用判断语句判断 y 是否为零,如果不为零,则执行除法操作,否则执行其他语句。对于简单的程序,这样处理是可行的,但对于复杂的程序,采用这种处理方法便困难了。

二、异常类的继承结构

在 java.lang 包中有一个 Throwable 类，它是所有异常类的顶级类。类只要继承了 Throwable 类，则称该类为异常类。Java API 中异常类继承的层次结构如图 8-1 所示。

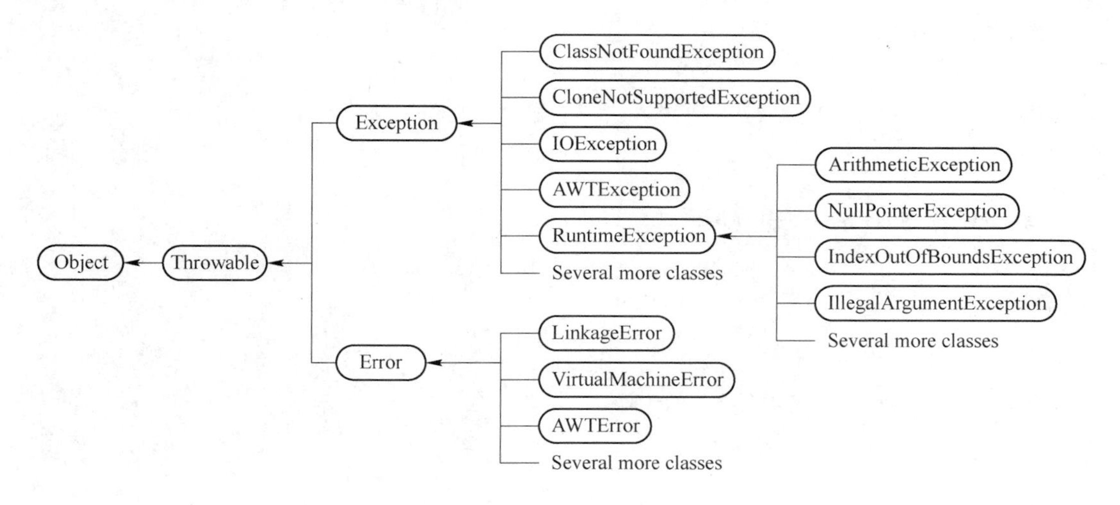

图 8-1　异常类继承的层次结构图

由图 8-1 可以看出，Throwable 有两个分支，Exception 和 Error。Java 的错误和异常分别由这两个类的子类来处理。如果程序在运行时出现了 Error 类型的异常，往往都是系统出现了问题，而不是程序本身的原因，因此没有办法在 Java 程序中对 Error 类型的异常做处理。

Exception 下有一个比较大的分支 RuntimeException，它有很多子类。如果程序在运行的时候出现了 RuntimeException 类型的异常，往往是代码有问题，应该修改代码，而不是进行异常处理。编译器不会检查 RuntimeException 类型的异常是否已经处理，所以这种异常也称为 Unchecked Exception（免检异常）。

异常处理主要针对 Exception 分支中 RuntimeException 以外的异常类型做处理。例如，java.io.FileNotFoundException 类用于表示读取文件时出现的异常，即当程序读取操作系统中的某个文件，但在运行时用户却没有把文件放在正确的位置，导致程序无法正常运行。一般情况下异常是外界因素引起的，与代码无关，因此在程序中要对这种情况有所准备。如将错误信息写入日志文件等，就需要进行异常处理。对于非 RuntimeException 类型的异常，编译器会做检查，如果没有处理，编译器会报错，所以这种异常也称为 CheckedException（必检异常）。

第二节 异常处理的方式

一、捕获异常

捕获异常与 3 个关键字有关系，这 3 个关键字分别为 try、catch 和 finally。

其中，try 和 catch 成对使用并使用大括号来界定控制范围，分别称为 try 块和 catch 块。声明抛出异常的方法在 try 块中调用，如果方法抛出异常，执行流程就会进入 catch 块，称为“捕获异常”。

其语法格式为：

```
try{
有可能出现异常的代码
}
catch(要处理的异常种类和标识符){
    处理异常的代码
}
catch(要处理的异常种类和标识符){
    处理异常的代码
}
…
finally{
    无论是否发生异常,都需要执行的代码
}
```

格式解释：

（1）try：开始捕捉可能出现的异常。

（2）catch：捕捉到异常的类型并将消息封装到这个类型的对象中。

（3）…：可以有多个 catch。

（4）finally：不管有没有异常发生，一定要执行的语句。

捕获异常的结构中，还可以根据需要加上 finally 语句块。无论在 try 块中是否有异常发生，finally 语句块中的代码一定会执行。处理流程图如图 8-2 所示。

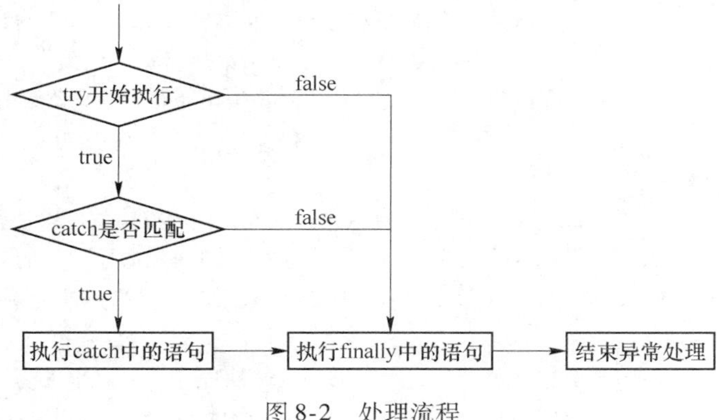

图 8-2　处理流程

【示例 A8_02】改造【示例 A8_01】使程序产生异常时能够将异常的信息显示出来，不论发生异常与否，程序结束时显示“程序结束”信息。代码如下：

```
01  public class A8_02 {
02     public static viod main(String[] args) {
03         int x = 28;  //声明被除数
04         int y = 4;  //声明除数
05         System.out.println("x/y = " + x/y);  //显示结果
06         y = y - 4;  //修改除数的值
07           //try,catch 和 finally 语句
08         try {
09             System.out.prtintln("x/y = " + x/y)  //由于除数 y 已为零,x/y 将出现异常
10         }
11         catch(ArithmeticException e) {  //catch 捕获算术类异常
12             System.out.println("发生异常,异常的信息如下:");
13             System.out.println(e.toString());
14         }
15         finally {  //是否产生异常,都将输出"程序结束"
16             System.out.println("程序结束!");
17         }
18     }
19  }
```

【运行结果】

```
x/y = 7
发生异常,异常的信息如下:
java.lang.ArithmeticException:/ by zero
程序结束!
```

【程序分析】

程序产生的异常是 RuntimeException 异常，从例 A8_01 的结果可以看出，这种类型的异常可以不处理，程序照样能够编译、执行，但执行到异常语句时，程序因产生异常而终止。如果对该异常进行捕获，像本例那样加上处理语句，产生异常后，程序会按照预想的步骤结束运行。本例预先设计了产生异常的条件即 y = 0，执行 x/y 时，产生 ArithmeticException 类异常，catch 语句捕获到该异常后显示异常的信息，其中 toString( )是异常类定义的方法，用于返回异常对象的相关信息。执行完 catch( )语句后，程序执行了 finally 语句的相关代码。

由此可见，如果是可以预料到的，通过简单的表达式修改或者代码校验就可以处理好的，就不必使用异常（如运行时异常中的数组越界或者除数为 0），这是因为 Java 的异常都异常类的对象，系统处理对象所占用的处理时间远比基本的运算要多（效率可能相关几百倍乃至千倍），这也是为什么对 RuntimeException 建议不做处理的原因。

因为异常占用了 Java 程序的许多处理时间，简单的测试比处理异常的效率更高。所以，建议将异常用于无法预料或者无法控制的情况（如打开远程文件，可能会产生 FileNotFoundException，而从外设读入数据，可能会产生 IOException）。

【示例 A8_03】从键盘上读入字符，并显示在屏幕上。代码如下：

```
01 import java.io.* ;  //导入 IO 包
02 public class A8_03 {
03    public static void main(String[] args) {
04        char ch = 'h';  //声明并初始化字符型变量 ch
05       System.out.println("请输入字符:");
           //以下应用 try,catch 语句处理 I/O 异常
06        try {
07            ch = (char)System.in.read();  //read(方法能够以产生 I/O 异常)
08        }
09        catch(IOException e) {  //捕获异常,显示异常信息
10            System.out.println("I/O 设备异常,请检查输入设置!");
11        }
12        System.out.println("您输入的字符是:" + ch);
          //没有异常产生,显示输入字符
13    }
14 }
```

【程序分析】

本程序与例【示例 A8_02】不同，由于在程序中执行了 I/O 操作即从键盘读入字符，这类操作往往会因为键盘错误而产生异常，编译器会事先检查在异常的存在，要求程序必须处理这种类型的异常，否则编译器将报告错误信息。这种类型的异常是非 RuntimeException，对于该类型的异常，在程序中必须进行处理。

花费时间处理异常可能会影响代码的编写和执行速度，但在稍后的项目和在越来越大的程序中再次使用类时，这种额外的小心将会带来极大的回报。

finally 关键字通常用来释放资源或关闭程序，在很多程序中即使有释放资源或关闭程序的程序段，也最好在 finally 中再释放一次或关闭资源。

二、throws 与 throw 关键字

throws 和 throw 是 Java 中抛出异常的两种方法，本节主要讲解这两个关键字的区别。

（一） throws

语法格式如下：

```
public 返回值类型 方法名(参数列表…) throws 异常类… {
    …;
}
```

格式解释：

（1） public 返回值类型。方法名（参数列表…）与声明方法格式相同。

（2） throws 表示该方法抛出异常。

（3） 异常类…。该方法后面可以抛出多个类型异常。

执行流程：

（1） 在定义一个方法时可以使用 throws 关键字。当该方法抛出异常时，异常将会在调用该方法的类中进行处理。

（2） getDiv( ) 操作可能出现异常，也可能不出现异常，在使用 throws 关键字后，只要调用该方法的程序都需要对该方法进行异常处理。

（二） throw

throw 是语句抛出的一个异常，一般是在代码块的内部，当程序出现某种逻辑错误时，由程序员主动抛出某种特定类型的异常。

throws 与 throw 的区别为 throws 出现在方法函数头，而 throw 出现在函数体。throws 表示出现异常的一种可能性，并不一定会发生这些异常；throw 则是抛出了异常，执行 throw 则一定抛出了某种异常对象。

throws 与 throw 的相同点为：两者都消极处理异常的方式，只是抛出或可能抛出异常，但是不会由该函数去处理异常，真正的处理异常由函数的上层调用完成。

【示例 A8_04】对圆类设置半径方法，应用异常处理以阻止用户输入负值。代码如下：

```
01  class Circle {
02      private double radius;
03
04      public double getRadius() {
05          return radius;
```

```
06      }
07      public void setRadius(double radius) throws Exception {
08      if (radius < 0) {
09          throw new Exception();
10      }
11      this.radius = radius;
12  }
13      public String toString() {
14          return radius + "";
15      }
16  }
17
18  public class Exception2Demo{
19      public static void main(String[] args) {
20          Circle c = new Circle();
21          try {
22              c.setRadius(-10);
23              System.out.println(c);
24          } catch(Exception e) {
25              System.out.println("Some exception has occured. ");
26          }
27          System.out.println("The code after try/catch block. ");
28      }
29  }
```

【运行结果】

```
Some exception has occured.
The code after try/catch block.
```

【程序分析】

(1)代码07在方法的首部加上了throws关键字,表示该方法在运行时可能会抛出Exception类型的异常。

(2)代码09中关键字throw用来抛出一个异常类的对象。

(3)代码22中setRadius()方法的参数是-10,会抛出异常,因此代码23会被跳过,进入catch块执行代码25。

throws与throw不管抛出多少层都需要有程序去处理抛出的异常，也可以最终抛给JVM来处理。

throws表示有一种出现异常的可能性，不一定会发生异常，但是throw则是真正抛出了异常。

三、自定义异常

Java 中自带的异常有很多种，其中包括非检查类型和检查类型，即使这样在开发时也很难满足开发者的需求，这时就需要用户自定义异常类。自定义的异常类通过 throw 语句显示抛出。凡是通过 throw 抛出的异常对象，都必须是可抛对象。例如，现在输出学生成绩（0～100），当教师输入一个大于 100 或小于 0 的数时，那么可以规定一个 GradeException。

【示例 A8_05】自定义 GradeException 异常类。代码如下：

```
01  import java.util.Scanner;
02  public class A8_04 {
03     public static void main(String[] args) {
04         Scanner sc = new Scanner(System.in);
05         System.out.println("请输入一个学生成绩");
06         int grade = sc.nextInt();
07         if(grade > 100 || grade < 0) {   //判断学生成绩
08             try {
09                throw new GradeException("成绩输入错误!!");
10                  //输入错误后会报异常
11             } catch (GradeException e) {
12                 e.printStackTrace();
13             }
14         }else{
15             System.out.println("请输入一个学生成绩为" + grade);
16         }
17     }
18  }
19  class GradeException extends Exception{   //定义 GradeException 继承 Exception
20     public GradeException (String msg) {
21         super(msg);
22     }
23  }
```

【运行结果】

```
请输入一个学生成绩
-10
four.GradeException:成绩输入错误!!
   at four.C04_07.main(C04_07.java:12)
```

使用自定义异常的步骤如下:
(1) 通过继承 java. lang. Exception 类声明自己的异常类。
(2) 在方法的声明部分用 throws 语句声明该方法可能抛出的异常。
(3) 在方法适当的位置生成自定义异常的实例并用 throw 语句抛出。

实战训练

判断输入 3 个整数后是否能构成一个三角形，如果不能则抛出异常并显示异常信息“不能构成三角形”。代码如下:

```
01  import java.util.Scanner;
02  class triangle {
03        int a,b,c;
04          //有参构造方法,声明可能抛出异常
05     triangle(int a,int b,int c) throws Exception {
06        if(a<0||b<0||c<0){
07            throw new NumberFormatException();
08        }else if(!(a+b>c&&a+c>b&&b+c>a)){
09            throw new IllegalArgumentException();
10           }
11            this.a=a;this.b=b;this.c=c;
12        }
13     void DisplayInfo(){
14        System.out.println("三角形的边长分别为"+"a="+a+" "+
15                                        "b="+b+" "+"c="+" "+c);
16     }
17     }
18
19     public class Exception5Demo{
20    public static void main(String[] args){
21     int a,b,c;
22     System.out.println("请输入三条边长");
23     Scanner reader=new Scanner(System.in);
24     a=reader.nextInt();
25     b=reader.nextInt();
26     c=reader.nextInt();
27    try{
28      triangle t=new triangle(a,b,c);
```

```
29        t.DisplayInfo();
30      }catch(NumberFormatException nfe){
31        System.out.println("请输入正整数");
32      }catch(IllegalArgumentException iae){
33        System.out.println("不能构成三角形!");
34      }catch(Exception e){
35        System.out.println("-----程序出错-----");
36      }
37    }
38  }
```

【运行结果】

```
请输入三条边长
1
2
3
不能构成三角形!
```

【程序分析】

(1)代码05至20实现了三角形的有参构造方法,其中,当输入数据存在负数的时候,抛出NumberFormatException异常;当输入3个数据不能构成三角形的时候,抛出IllegalArgumentException异常。

(2)代码27至36是多重try-catch结构,用来捕获抛出的异常。

第九章　Java 数据库编程

（1）了解 JDBC 的概念；

（2）学习对数据库中数据进行增、删、改、查的操作；

（3）将数据库驱动文件导入类库中。

第一节　了解 JDBC

JDBC（Java 数据库连接，Java Date Base Connectivity）使得 Java 程序能够无缝连接各种常用的数据库。JDBC 除了具有数据库独立性外，更具有平台无关性，因而对 Internet 上异构数据库的访问提供了很好的支持。为了方便以后编写数据库程序，应该基于 SQL Server 数据库创建一个表名为 AdminTable 的表。这个表主要用来保存管理员的个人信息。其结构见表 9-1。

表 9-1　AdminTable 表结构

字 段 名	描　述
name	管理员姓名
password	管理员密码

建立表格之后，插入两条记录（见表 9-2）。

表 9-2　管理员信息

姓名	密码
Tom	123456
Lily	112233

一、JDBC 的工作机制

SQL（结构化查询语言，Structure Query Language）是一种标准化的关系型数据库访问语言。在 SQL 看来，数据库就是表的集合，其中包含了行和列。

JDBC 定义了 Java 语言同 SQL 数据之间的程序设计接口。使用 JDBC 来完成对数据访问的主要组件包括 Java 应用程序、JDBC 驱动管理器、驱动器和数据源。Java 应用程序要想访问数据库只需调用 JDBC 驱动管理器，由驱动管理器负责加载具体的数据库驱动。数据库驱动是本地数据库管理系统的访问接口，封装了最底层的对数据库的访问。

JDBC 为 Java 程序提供了一个统一无缝地操作各种数据库的接口。程序员编程时，不关心它所要操作的数据库是哪个厂家的产品，从而提高了软件的通用性。只要系统上安装一正确的驱动器，JDBC 应用程序就可以访问与其相关的数据库。

二、JDBC API

JDBC 向应用程序开发者提供了独立了数据库的统一的 API。这个 API 提供了编写的标准和考虑所有不同应用程序设计的标准，其原理是一级由驱动程序实现的 Java 接口。

JDBC 的 API 主要由 java. sq1 包提供。java. sq1 包定义了一些操作数据库的接口，这些接口封装了访问数据库的具体方法。其中，Connection 类表示数据库连接，包含了处理数据库连接的有关方法；Statement 类提供了执行数据库具体操作的方法：ResultSet 类表示结果集，可以提取有关数据库操作结果的信息。JDBC API 中常用的类和接口见表 9-3。

表 9-3　JDBC API 包中定义的类和接口

类或接口名称	作　用
java. sql. Driver	定义一个数据库驱动程序的接口
java. sql. DriverManager	用于管理 JDBC 驱动程序
java. sql. Connection	用于与特定数据库的连接
java. sql. Statement	Statement 的对象用于执行 SQL 语句并返回执行结果
java. sql. PreparedStatement	创建一个可以预编译的 SQL 对象
java. sql. ResultSet	用于创建表示 SQL 查询结果的结果集
java. sql. CallableStatement	用于执行 SQL 存储过程
java. sql. DatabaseMetaDate	用于取得与数据库相关的信息（如数据库、驱动程序、版本等）
java. sql. SQLException	处理访问数据库产生的异常

在设计应用程序时，主要使用 DriverManager、Connection、Statement、ResultSet、PreparedStatement 等几个类。它们之间的关系是通过 DriverManager 类的相关方法能够建立同数据库的连接，建立连接后返回一个 Connection 类的对象，再通过连接类的对象创建 Statement 或 PreparedStatement 对象，最后用 Statement 或 PreparedStatement 的相关方法执行 SQL 语句得到 ResultSet 对象。该对象包含了 SQL 语句的检索结果，通过这个检索结果可以得到数据库中的数据。

第二节　实现数据库连接

使用 JDBC 访问数据库通常包括如下基本步骤：

（1）安装 JDBC 驱动。安装 JDBC 驱动是访问数据库的第一步，只有正确安装了驱动才能进行其他数据库操作。具体安装时根据需要选择数据库，加载相应的数据库驱动。

（2）连接数据库。安装数据库驱动后即可建立数据库连接。只有建立了数据库连接，才能对数据库进行具体的操作、执行 SQL 指令。连接数据库首先需要定义数据连接 URL，根据 URL 提供的连接信息建立数据库连接。

(3) 处理结果集。完成数据库的具体操作后还需要处理其执行结果。对于查询操作而言，返回的查询结果可能为多条记录。JDBC 的 API 提供了具体的方法对结果集进行处理。

(4) 关闭数据库连接。对数据库访问完毕后需要关闭数据库连接，释放相应的资源。

一、驱动程序分类

数据库驱动是负责与具体的数据库进行交互的软件。使用 JDBC API 来操作数据，要根据具体的数据库类型加载不同的 JDBC 驱动程序。下面分别从驱动程序分类和加载方法两个方面来介绍。

(一) JDBC 驱动程序分类

Java 程序的 JDBC 驱动类型可以分为如下 4 种：

(1) JDBC - ODBC 桥驱动程序。JDBC - ODBC 桥驱动实际是把所有的 JDBC 调用传递给 ODBC，再由 ODBC 调用本地数据库驱动代码。使用 JDBC - ODBC 桥访问数据库服务器需要在本地安装 ODBC 类库、驱动程序及其他辅助文件。

(2) 本地机代码和 Java 驱动程序。本地机代码和 Java 驱动使用 Java(Java NativeInterface) 向数据库 API 发送指令，从而取代 ODBC 和 JDBC - ODBC 桥。

(3) JDBC 网络的纯 Java 驱动程序。这种驱动是纯 Java 驱动程序，通过专门的网络协议与数据服务器上 JDBC 中介程序通信。中介程序将网络协议指令转换为数据库指令。这种方式比较灵活，不要求在访问数据库的 Java 程序所在本地端安装目标数据库的类库，程序可以通过网络协议与不同数据库通信。

(4) 本地协议 Java 驱动程序。该程序是完全由 Java 实现的一种驱动，直接把 JDBC 调用转换为由 DBMS 使用的内部协议。这种驱动程序允许从客户机直接对 DBMS 服务器进行调用。

> 目前，使用最多的是本地协议 Java 驱动程序。该方式执行效率较高，对于不同的数据库只需要下载不同驱动程序即可。

(二) 加载 JDBC 驱动

选定了合适的驱动程序类型以后，在连接数据库之前需要加载 JDBC 驱动。Java 语言提供了两种形式的 JDBC 驱动加载方式，一种是使用 DriverManager 类加载，但是由于这种方式驱动需要持久的预设环境，所以不被经常使用。另一种是调用 Class. forName() 方法进行显示加载，该种方式加载驱动的语法格式为 Class. forName(StringDriverName);，其中，参数 DriverName 为字符串类型的待加载的驱动名称，连接不同的数据库需要使用不同的数据驱动名称。

各种不同的数据库的驱动程序的名称见表 9-4。其中，驱动程序文件可以到官方网站下载。

表 9-4 驱动程序的名称

数据库名称	驱动程序名称
MySQL 数据库	org. git. mm. mysql. Driver com. mysql. jdbc. Driver
Oracle 数据库	oracle. jdbc. driver. OracleDriver
SQL Server 数据库	com. microsoft. jdbc. sql server. sql ServerDriver
Access 数据库	sun. jdbc. odbc. JdbcOdbcDriver

二、连接数据库

要进行各种数据库操作，首先需要连接数据库。在 Java 语言中，使用 JDBC 连接数据库包括定义数据库连接 URL 和建立数据库连接。

（一）定义数据 URL

这里据说的 URL 不是一般意义的 URL。通常据说的 URL(Uniform Resource Locator，统一资源定位符）用于表示 Interent 上的某一资源。而 JDBC 中 URL 是提供了一种标识数据库的方法，可以使用相应的驱动程序能够识别该数据库并与之建立连接。

由于 JDBC 提供了连接各种数据库的多种方式，所以定义的 URL 形式也各不相同。通常，数据库连接 URL 的语法格式为：

```
jdbc:<子协议>:<子名称>
```

其中，通常以“jdbc”作为协议开头。参数“子协议”为驱动程序名或者连机制等，例如，“odbc”。参数“子名称”为数据库名称标识，连接不同数据库的 URL 名称（见表 9-5）。

表 9-5 不同数据库的 URL

数据库名称	连接数据库 URL
MySQL	jdbc：mysql：　//localhost：3306/MyDB 其中 MyDB 是用户建立的 MySQL 数据库
Oracle	jdbc：oracle：thin@ localhost：1521：sid
SQL Sever 数据库	jdbc：microsoft：sqlserver：　//localhost：1433；DatabaseName = MyDB
Access 数据库	jdbc：odbc：datasource，其中 datasource 为 ODBC 数据源名称

其中，连接 MySQL 数据库的 URL 中的“3306”为 MySQL 数据库的端口号，“MyDB”为数据库的名称。

（二）建立数据库连接

定义了数据库连接的 RUL 之后即可进行数据库连接。DriverManager 数据库驱动管理类中定义了几个重载的 getConnection( ) 方法用于建立数据库连接，如下所示：

（1）getConnection(String url)。该方法可以使用指定的 url 建立连接。

（2）getConnection(String url，Properties info)。该方法可以使用指定的 url 及属性 info 建立连接。

（3）getConnection(String url，String user，String password)。该方法可以使用指定的

url、用户名 user、密码 password 建立连接。

【示例 A9_01】建立 MySQL 数据库连接的应用举例。代码如下：

```
01  import java.sql.Connection;
02  import java.sql.DriverManager;
03  public class A9_01 {
04     public static void main(String args[ ])throws Exception{
05         Class.forName("org.git.mm.mysql.Driver");  //加载驱动
06         String url = "jdbc:mysql:  //localhost:3306/xsgl";
07  //定义数据库连接 URL
08         Connection con = DriverManager.getConnection(url1,"root","123");
09           //建立连接
10     }
11  }
```

【运行结果】

```
如果控制台没有输出任何异常,则说明连接数据库成功,否则数据库连接失败。
```

（三）关闭数据库连接

在程序开发过程中使用数据库连接对象要正确关闭，以免占用系统资源，在关闭对象时注意关闭的顺序，先创建的数据库对象后关闭即可，所有的对象关闭都是调用 close（）方法。

第三节　实现数据库操作

建立了数据库连接以后便可以访问数据库，即对数据库进行各种操作。数据库用的一般操作包括增加、删除、修改、查询。

一、显示数据

（一）创建 Statement 对象

如果要对数据库进行查询、更改与插入等操作，则需要使用 Statement 接口来完成。此接口可以使用 Connection 接口中提供的 createStatement( ) 方法实例化。

创建 Statement 对象的语句格式如下：

```
Statement SQL变量 = 连接变量.createStatement();
```

例如：

```
Statement stmt = con.createStatement();
```

（二）执行 SQL 语句

创建 Statement 对象之后便可以执行 SQL 语句。执行 SQL 语句需要通过 executeQuery

()来实现。

例如：

```
ResultSet rs = stmt.executeQuery("select* from AdminTable");
```

要执行插入记录或更改、删除记录的SQL语句，则要通过executeUpdate()来实现。

（三）使用ResultSet结果集

在JDBC的操作中，数据库的所有查询记录都将应用ResultSet进行接收。

ResultSet对象维护了一个指向当前记录的游标，初始的时候游标在第一行记录之前，可以通过next()方法移动游标到下一行。

ResultSet接口中定义了很多方法来获得当前记录行中列的数据，根据字段类型的不同，分别采用不同的方法来获得数据。

这些方法的格式为：

```
Get×××(int columnIndex);  //columnIndex表示字段的索引
```

或

```
get×××(String columnName);  //columnIndex表示字段的名字
```

例如：

```
String name = rs.getString("name");
int age = rs.getInt("age");
float wage = rs.getFloat("wage");
```

【示例A9_02】进行数据库的连接并对数据进行显示。代码如下：

```
01  import java.sql.*;
02  public class SelectDBDemo {
03     public static void main(String agrs[]) throws
04                                    ClassNotFoundException{
05    Connection conn = null;
06    try{
07    Class.forName("sun.jdbc.odbc.JdbcOdbcDriver");
08  //连接数据源,其中数据源为AdminDB,用户名为sa,密码为空
09   conn = DriverManager.getConnection("jdbc:odbc:AdminDB","sa","");
10   Statement stmt = conn.createStatement();
11     //执行SQL操作
12   ResultSet rs = stmt.executeQuery("select* from AdminTable ");
13     //循环显示数据
14   while(rs.next()){
15    System.out.println("管理员姓名" + rs.getString("name") + "\t" + "密码"
```

```
16                                  +rs.getString("password")+"\t");}
17    rs.close();
18    stmt.close();
19    }
20    catch(SQLException e){
21     System.out.println("SQLException2:"+e.getMessage());
22    }
23    finally{
24     try{
25       conn.close();
26    }catch(Exception e){ e.printStackTrace(); }
27    }
28   }
29  }
```

【运行结果】

```
管理员姓名 Tom 密码 123456
管理员姓名 Lily 密码 112233
```

二、添加数据

(一) 添加操作

如果要向表格中添加数据，首先需要定义进行操作的SQL命令字符串，然后通过调用的方法获得数据库连接对象conn来获得Statement对象，最后调用executeUpdate( ) 方法来执行SQL命令。

例如:

```
String sqlstr="insert into AdminTable values('Rose','110011')";
stmt.executeUpdate(sqlstr);
```

注意事项

如果在通过Statement方式操作数据库时，应用字符串变量来构建SQL语句，则命令中的“单引号”“双引号”“星号” 等会影响SQL命令的正确执行，因此需要做转义字符处理。

(二) PreparedStatement 方式

另外一种添加方法是通过PreparedStatement方式进行操作。

例如:

```
String sqlString ="insert into AdminTable (name,password)VALUES(?,?)";
PreparedStatement ps = conn.prepareStatement(sqlString);
ps.setString(1,"Jack");          //设置第一个占位符"姓名"为"Jack"
ps.setString(2,"332211");   //设置第二个占位符"密码"为"332211"
ps.executeUpdate();
```

其中，每个“?”代表一个占位符，在执行之前要一一对应设置各占位符的内容。

> PreparedStatement 执行的 SQL 命令可以含有零到多个占位符。这些占位符相当于不同的变量，代表了不同的内容。使用 set×××( ) 来填充各种类型的变量。上面的例子中使用一个问号来代表“姓名”，因为“姓名”是字符型的，因此需要再通过 setString( ) 方法设定具体的内容。setString( ) 方法中的第一个参数“1”代表对应于第一个问号占位符，第二个参数是设置的该占位符的具体内容。因为已经确定了占位符是字符串，因此姓名中间的单引号也作为字符串的一部分直接被设置了，而不再需要进行“转义”。如果需要设置的数据类型是 int 类型，则可以使用 setInt( ) 方法来设置。类似的还有很多 set( ) 方法可以使用。

【示例 A9_03】向管理员 AdminTable 表中插入两条新记录。代码如下：

```
01  import java.sql.*;
02  public class InsertDBDemo {
03      public static void main(String agrs[]) throws
04                                      ClassNotFoundException{
05    Connection conn = null;
06    try{
07    Class.forName("sun.jdbc.odbc.JdbcOdbcDriver");
08  //连接数据源,其中数据源为 AdminDB,用户名为 sa,密码为空
09   conn = DriverManager.getConnection("jdbc:odbc:AdminDB","sa","");
10   Statement stmt = conn.createStatement();
11
12  //执行 SQL 操作,添加记录
13    String sqlstr = "insert into AdminTable values('Rose','110011')";
14    stmt.executeUpdate(sqlstr);
15  // PreparedStatement 方式添加记录
16    String sqlString = "insert into AdminTable" +
17                              " (name,password)VALUES(?,?)";
18    PreparedStatement ps = conn.prepareStatement(sqlString);
19    ps.setString(1, "Jack");
20    ps.setString(2, "332211");
21    ps.executeUpdate();
```

```
22
23 //显示表格中数据
24   ResultSet rs = stmt.executeQuery("select* from AdminTable");
25   while(rs.next()){
26   System.out.println("管理员姓名" + rs.getString("name") + "\t" + "密码"
27                                  + rs.getString("password") + "\t");}
28   rs.close();
29   stmt.close();
30   }
31   catch(SQLException e){
32   System.out.println("SQLException2:" + e.getMessage());
33   }
34   finally{
35   try{
36     conn.close();
37   catch(Exception e){ e.printStackTrace(); }
38   }
39  }
40 }
```

【运行结果】

```
管理员姓名Tom        密码123456
管理员姓名Lily       密码112233
管理员姓名Rose       密码110011
管理员姓名Jack       密码332211
```

三、修改和删除数据

在对数据库的操作中，经常需要删除表中的记录。SQL语句中删除记录的语法格式如下：

```
delete from 表名 where 条件;
```

在对数据库的操作中，经常需要修改表的记录。SQL语句中修改记录的语法格式如下：

```
update 表名 set 字段名 = 数值 where 条件;
```

其中“字段名 = 数值”可以为多个，用逗号“,”隔开，也就是同时可以修改多个字段。where条件不是必需的。

【示例A9_04】基于【示例A9_03】的执行结果，将姓名为Jack的管理员密码进行修改，同时将姓名为Rose的管理员信息进行删除。代码如下：

```
01  import java.sql.*;
02   public class UpdateDeleteDBDemo {
03      public static void main(String agrs[]) throws
04                                      ClassNotFoundException{
05    Connection conn = null;
06    try{
07    Class.forName("sun.jdbc.odbc.JdbcOdbcDriver");
08  //连接数据源,其中数据源为 AdminDB,用户名为 sa,密码为空
09   conn = DriverManager.getConnection("jdbc:odbc:AdminDB","sa","");
10   Statement stmt = conn.createStatement();
11
12  //修改记录
13    String sql1 = "update AdminTable set password  ='000000'" +
14                                     "where name  ='Jack'";
15    stmt.executeUpdate(sql1);
16     //应用 PreparedSatement 方式删除记录
17    String sql2 = "DELETE FROM AdminTable WHERE name  ='Rose'";
18    stmt.executeUpdate(sql2);
19  //显示表格中数据
20    ResultSet rs = stmt.executeQuery("select* from AdminTable");
21    while(rs.next()){
22    System.out.println("管理员姓名" + rs.getString("name") + "\t" + "密码"
23                                 + rs.getString("password") + "\t");}
24    rs.close();
25    stmt.close();
26    }
27    catch(SQLException e){
28     System.out.println("SQLException2:" + e.getMessage());
29    }
30    finally{
31     try{
32      conn.close();
33    }catch(Exception e){ e.printStackTrace(); }
34    }
35   }
36  }
```

【运行结果】

```
管理员姓名 Tom        密码 123456
管理员姓名 Lily       密码 112233
管理员姓名 Jack       密码 000000
```

第四节 事务处理

事务是数据库中的重要概念，一个事务中的所有操作具有原子性，要么全做，要么全不做。事务也是维护数据一致性的重要机制。JDBC 的 Connection 接口定义了一些与事务处理有关的方法，具体如下：

（1）void commit( )。该方法可以使自从上一次提交/回滚以来进行的所有更改成为持久更改，并释放 Connection 对象当前保存的所有数据库锁定。

（2）boolean getAutoCommit( )。该方法可以检索此 Connection 对象的当前自动提交模式。

（3）boolean isClosed( )。该方法可以检索此 Connection 对象是否已经被关闭。

（4）void releaseSavepoint （Savepoint savepoint）。该方法可以从当前事务中移除给定 savapoint 对象。

（5）void rollback( )。该方法可以取消在当前事务中进行的所有更改，并释放此 Connection 对象当前保存的所有数据库锁定。

（6）void setAutoCommit （boolean autoCommit）。该方法可以连接的自动提交模式设置为给定状态。

（7）Save pointsetSavepoint( )。该方法可以在当前事务中创建一个未命名的保存点（savepoint），并返回表示它的新 Savepoint 对象。

（8）Savepoint setSavepoint （String name）。该方法可以在当前事务中创建一个未命名的保存点，并返回表示它的新 Savepoint 对象。

（9）void setTransactionIsolation （int level）。该方法可以试图将此 Connection 对象的事务隔离级别更改为给定的级别。

首先在 JDBC 中事务操作默认是自动提交的。操作成功后，系统将自动调用 Commit( ) 来提交，否则将调用 rollback 来回退。

其次，在 JDBC 中可以通过调用 setAutoCommit(false) 禁止自动提交，这样就可以把多个数据库操作的表达式作为一个事务，在操作完成后调用 Commit( ) 进行整体提交，哪怕只要其中一个表达式操作失败，都会执行到 Commit( )，并且还将产生相应的异常，此时就可以在异常捕获时调用 rollback( ) 回退。

【示例 A9_05】使用 JDBC 进行事务处理。代码如下：

```
01  import. java. sql. Connection;
02  import. java. sql. DriverManager;
03  import. java. sql. Statement;
04  public class CommitTest{
```

```
05      public static void main(String args[]) throws Exception{
06          Class.forName("org.git.mm.mysql.Driver");  //加载驱动
07          String url = "jdbc:mysql://localhost:3306/xsgl";  //定义数据连接 URL
08          Connection con = DriverManager.getConnection(url, "root", "123");
09            //建立连接
10          con.setAutoCommit(false);  //设置为非自动提交
11            //执行两条 SQL 语句,作为一个事务
12          Statement st = con.creatStatement();  //创建 Statement
13          String sqlA = "insert into A(stuno,name) values('lnjd12301','Marry')";
14          Striing sqlB = "insert into B(stuno,name,math) values('lnjd12302',
15                                                        'Bush',99.0)";
16          int rsA = st.executeUpdate(sqlA);
17          int rsB = st.executeUpdate(sqlB);
18          if(rsA = = 1 && rsB = = 1)
19              con.commit();  //两条 SQL 执行都成功时提交
20          else {
21              con.rollback();  //如果不是两条 SQL 执行都成功,则回滚
22          }
23      }
24  }
```

【运行结果】

“分别向 A 表和 B 表插入一条数据”的操作作为事务功能,程序建立数据库连接后,首先调用 setAutoCommit()方法将连接设置为非自动提交。然后定义两条 SQL 语句,分别向 A 表和 B 表插入一条数据并执行。最后判断执行结果,只有两条 SQL 执行都成功时才提交,否则回滚。

实 战 训 练

(1) 基于【示例 A9_04】的执行结果,继续向表格中添加 3 个管理员。代码如下:

```
01  import java.sql.*;
02   public class CommitDBDemo {
03      public static void main(String agrs[]) throws
04                                  ClassNotFoundException{
05   Connection conn=null;
06   String Name[]={"Ben","Lucas","Yoyo"};
07   String Password[]={"148541","001234","787967"};
08
09   try{
10   Class.forName("sun.jdbc.odbc.JdbcOdbcDriver");
11     //连接数据源,其中,数据源为 AdminDB,用户名为 sa,密码为空
```

```
12  conn = DriverManager.getConnection("jdbc:odbc:AdminDB","sa","");
13  Statement stmt = conn.createStatement();
14    //关闭事务的自动提交功能
15  conn.setAutoCommit(false);
16  String sqlString = "insert into AdminTable VALUES(?,?)";
17  PreparedStatement ps = conn.prepareStatement(sqlString);
18
19  for(int i =0;i < Name.length;i ++){
20  ps.setString(1,Name[i]);
21  ps.setString(2, Password[i]);
22  ps.executeUpdate();
23  }
24    //事务提交
25  conn.commit();
26
27  ResultSet rs = stmt.executeQuery("select* from AdminTable");
28  while(rs.next()){
29  System.out.println("管理员姓名" + rs.getString("name") + "\t" + "密码"
30                                  + rs.getString("password") + "\t");}
31  }
32 catch(Exception ex){
33       ex.printStackTrace();
34   try{
35 //操作不成功则回退
36   conn.rollback();
37  }catch(Exception e){
38      e.printStackTrace();
39    }
40   }
41  }
42
```

【运行结果】

```
管理员姓名 Tom        密码 123456
管理员姓名 Lily       密码 112233
管理员姓名 Jack       密码 000000
管理员姓名 Ben        密码 148541
管理员姓名 Lucas      密码 001234
管理员姓名 Yoyo       密码 787967
```

第十章　Java 网络编程

（1）了解计算机网络；
（2）了解网络程序设计基础；
（3）掌握 URL 类；
（4）学会编写 TCP 和 UDP 的程序。

第一节　网络通信概述

一、计算机网络

计算机网络是指通过通信介质、通信设备和相关协议，把分散在各个地方的计算机设备连接越来，达到资源共享、数据传输的一个庞大系统。从而使众多计算机可以方便地互相传递信息，共享硬件、软件、数据信息等资源。计算机网络可以从很多方面进行划分，如按照地域划分为：广域网、城域网和局域网，按照拓扑结构划分为：星形结构、总线形结构和树形结构等。计算机网络涉及硬件与软件、结构与算法、数据与通信。网络编程主要用于计算机网络的协议。网络 4 层模型与协议如图 10-1 所示。

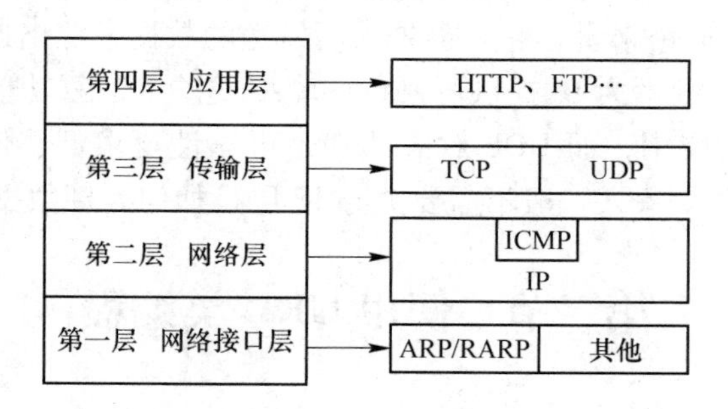

图 10-1　网络 4 层模型与协议

二、IP 地址

IP（Internet Protocol）网络互联的协议，也就是为计算机网络相互连接进行通信而设计的协议。在互联网中，它是能使连接到网上的所有计算机网络实现相互通信的一套规则，规定了计算机在互联网上进行通信时应当遵守的规则。任何厂家生产的计算机系统，只要遵守 IP 协议就可以与互联网互联互通。正是因为有了 IP 协议，互联网才得以迅速发展成为世界上最大的、开放的计算机通信网络。因此，IP 协议也称为“互联网协议”。

IP 地址是进行 TCP/IP 通信的基础，每个连接到网络上的计算机都必须有一个 IP 地址。目前使用的 IP 地址是 32 位的，通常以点分十进制表示。例如：192.168.0.181。IP 地址的格式为：IP 地址（网络地址、主机地址）或者 IP 地址（主机地址、子网地址、主机地址）一个简单的 IP 地址其实包含了网络地址和主机地址两部分重要的信息。为了便于网络寻址及层次化构造网络，每个 IP 地址包括两个标识（ID）：网络 ID 和主机 ID。同一个物理网络上的所有机器都用同一个网络 ID，网络上的一个主机（包括网络上工作站、服务器和路由器等）有一个主机 ID 与其对应。

IP 地址分为 5 类，A 类保留给政府机构，B 类分配给中等规模的公司，C 类分配给任何需要的人，D 类用于组播，E 类用于实验，各类可容纳的地址数目不同。这 5 类地址的范围见表 10-1。

表 10-1　IP 地址范围

序号	地址分类	地 址 范 围
1	A 类地址	1.0.0.1 ~ 126.255.255.254
2	B 类地址	128.0.0.1 ~ 191.255.255.254
3	C 类地址	192.0.0.1 ~ 223.255.255.254
4	D 类地址	224.0.0.1 ~ 239.255.255.254
5	E 类地址	240.0.0.1 ~ 255.255.255.254

三、TCP 与 UDP

TCP（Transmission Control Protocol）传输控制协议和 UDP（User Datagram Protocol）用户数据报协议属于传输层的协议。其中 TCP 提供 IP 环境下的数据可靠传输，它提供的服务包括数据流传送、可靠性、有效流控、全双工操作和多路复用。通过面向连接、端到端和可靠的数据包发送。通俗来讲，它是事先为所发送的数据开辟出连接好的通道，然后再进行数据发送；而 UDP 则不为 IP 提供可靠性、流控或差错恢复功能。一般来说，TCP 对应的是可靠性要求高的应用，而 UDP 对应的则是可靠性要求低、传输经济的应用。TCP 和 UDP 是主要网络编程对象，一般不需要关心 IP 层是如何处理数据的。

第二节　使用 URL 类编程

一、URL 概念

URL（Uniform Resource Locator，统一资源定位器）用于定位 Internet 上的资源，这里的资源是指 Internet 上可以被访问的任何对象，包括目录、文件、文档、图像、声音等，它相当于一个文件名在网络范围内的扩展，是与 Internet 相连的计算机上的可访问对象的指针。URL 的一般格式如下：

```
<协议>: // <主机>:<端口>/<路径>
```

协议是要访问资源的传输协议，例如，HTTP、FTP、Telnet、File 等。主机是资源所在的主机，通常以 IP 地址或者域名表示。端口是连接时所使用的通信端口号，该项为可选项。路径是指资源在主机上的具体位置。例如：

```
http://www.sina.com.cn,给出了通信协议和主机。
http://www.lnmec.cn:999/infodept/index.html,给出了通信协议、主机、通信端口、路径和文件名。
ftp: //218.64.215.68/game/demo.txt,给出了通信协议(FTP)、主机 IP 地址、路径和文件名。
```

二、URL 构造方法

（一） public URL(String spec)

public URL(String spec) 以字符串类型的参数作为网络资源的地址，创建 URL 类的对象。例如："URL url1 = new URL("http://www.lnmec.net.cn");"，其中，"url1" 代表互联网络上域名为 www.lnmec.net.cn 的主机。

（二） public URL(URL url, String spec)

public URL(URL url, String spec) 构造方法具有两个参数，第一个参数为 URL 对象，第二个参数是用字符串表示的相对的网络资源地址。例如：

```
URL url1 = new URL("http://www.lnmec.net.cn");
URL url2 = new URL(url1,"default.html");
```

url2 相当于"url2 = new URL("http://www.lnmec.net.cn.default.html");"

（三） public URL(String protocol, String host, String file)

public URL(String protocol, String host, String file) 构造方法分别以字符串类型的数据为参数，给出 URL 的协议、主机和资源名称。其中 "protocol" 表示协议，"host" 表示主机，"file" 表示资源名称。例如：

```
URL url3 = new URL("http","www.lenmc.net.cn","/index.html");
```

（四） public URL(String protocol, String host, int port, String file)

该构造方法在前一个构造方法的基础上增加了端口参数，其中的 port 表示端口号。例如：

```
URL url4 = new URL("http","www.lnemc.net.cn",9999,"/index.html");
```

三、构造 URL 类对象产生的异常

在使用构造方法时，如果构造方法中的参数存在问题，导致给出的 URL 格式不正确，则将产生非运行时异常（MalformedURLException），程序必须捕获该异常。

【示例 A10_01】利用 URL 构造方法创建对象。代码如下：

```
01  import java.net.* ;
02  import java.io.* ;
03  public class URLException{
```

```
04     URL url;  //定义 URL 类对象
05     void createURL(){
06         try{
07             url = new URL("http;  //www.lnmec.net.cn");  //创建 URL 对象
08         }catch(MalformedURLException e){  //对将可能产生的异常进行捕获
09             System.out.println(e.toString());  //显示异常信息
10         }
11     }
12     public static void main(String[] args){
13         new URLExample().createURL();
14     }
15 }
```

在该程序中，假设构造方法中的字符串写为“http; //www.lnmec.net.cn”，协议后面用的是分号，不是冒号，运行时将产生异常，显示如下异常信息：

```
java.net.MalformedURLException:no protocol:http;  //www.lnmec.net.cn
```

参数中的“;”不是 URL 的合法内容，导致异常的产生。因此，在创建 URL 对象时，要注意各参数的格式。

四、获取 URL 对象的属性

创建 URL 对象之后使用 URL 类提供的方法来获得对象的属性，具体方法如下：

（1）String getProtocol()：取得传输协议。

（2）String getHost()：取得主机名称。

（3）int getPort()：取得通信端口号。

（4）String getPath()：取得资源的路径。

（5）String getFile()：取得资源文件名称。

（6）String getRef()：取得 URL 对象的标记。

（7）Strinig getPath()：取得 URL 的路径部分。

（8）int getDefaultPort()：取得与此 URL 关联协议的默认端口号。

（9）openStream()：打开 URL 的连接并返回一个用于从该连接读入的 Input Stream。

（10）OpenConnection()：返回一个 URLConnection 对象，它表示到 URL 所引用的远程对象的连接。

一个 URL 对象不一定包含以上所有属性，例如，URL 使用默认的通信端口，创建对象时可以不给出端口号，此时 getPort() 返回“-1”，对字符串类型的属性，如果不存在，则相应的方法返回 null 值。

【示例 A10_02】利用获取对象属性的方法显示一个 URL 对象的属性。代码如下：

```
01 import java.io.*;
02 import java.net.*;
```

```
03  public class URLDemo{
04      public static void main(String[] args) {
05          URL url1,url2;  //创建两个 URL 对象
06          try {
07            url1 = new URL("http://www.spacecg.com:8080/teachers";)
08              url2 = new URL(url1,"/liuronglai/readme.html#2012~2013");
09                //#为标记
10                //获得 url2 的各种属性
11              System.out.println("url2:protocol = " + url2.getProtocol());
12              System.out.println("url2:host = " + url2.getHost());
13              System.out.println("url2:port = " + url2.getPort());
14              System.out.println("url2:ref = " + url2.getRef());  //显示#后的内容
15              System.out.println("url2:path = " + url2.getPath());
16              System.out.println("url2:file = " + url2.getFile());
17              System.out.println("url2:" + url2.toString());  //显示完整的 url2
18          }catch(MalformedURLException e){}
19      }
20  }
```

程序的运行结果如下：

```
url2:protocol = http
url2:host = www.spacecg.com
url2:port = 8080
url2:ref = 2012~2013
url2:path = /liuronglai/readme.html
url2:file = /liuronglai/readme.html
url2:http://www.spacecg.com:8080/liuronglai/readme.html#2012~2013
```

注意分析程序的结果，以理解 URL 对象各种属性的含义。

五、URL Connection 类

抽象类 URLConnection 它代表应用程序和 URL 间的通信链接。此类的实例可用于读取和写入此 URL 引用的资源。一般对一个已经建立的 URL 对象调用 openConnection()，就可以返回一个 URLConnection 对象，使用的格式如下：

语法格式：

```
URL url = new URL("https:  //www.oracle.com");
URLConnection uc = url.openConnecion();
```

格式解释：

（1）URL 表示 URL 类型。

（2）url 可以建立一个 URL 类的对象。

（3）uc 可以接收 url 返回的对象。

（4）url. openConnection( ) 可以返回一个 URL 对象。

常见方法为：

（1）URLConnection 的构造方法。URLConnection(URL url）构造一个到指定 URL 的 URL 连接。

（2）URLConnection 常用方法。其常用方法包括：

1）boolean getAllowUserInteraction( )。该方法可以返回对象的 allowUserInteraction 字段的值。

2）static boolean getDefaultAllowUserIneraction( )。该方法可以返回 allowUserInteraction 字段的默认值。

3）InputStream getInputStream( )。该方法可以返回从此打开的连接读取的输入流。

4）OutputStream getOutputStream( )。该方法可以返回写入到此连接的输出流。

5）String getRequestProperty(String key)。该方法可以返回此连接指定的一般请求属性值。

6）getURL( )。该方法可以返回此 URConnection 的 URL 字段的值。

7）long getDate( )。该方法可以返回 date 头字段的值。

8）boolean getUseCaches( )。该方法可以返回此 URLConnection 的 useCaches 字段的值。

9）static String guessContentTypeFromName(String fname)。该方法可以根据 URL 的指定“file”部分尝试确定对象的内容类型。

10）static String guessContentTypeFromStream(InputStream is)。该方法可以根据输入流的开始字符尝试确定输入流的类型。

11）void setAllowUserInteraction(boolean allowuserinteraction)。该方法可以设置 URLConnection 的 allowUserInteraction 字段的值。

12）void setConnecTimeout(int timeout)。该方法可以设置一个指定的超时值（以毫秒为单位），该值将在打开到此 URLConnection 引用的资源的通信链接时使用。

【示例 A10_03】利用 URLConnection 连接甲骨文公司（https：//www. oracle. com）并在资源后加入“I love Java”。代码如下：

```
01 import java.io.BufferedReader;
02 import java.io.IOException;
03 import java.io.InputStreamReader;
04 import java.net.MalformedURLException;
05 import java.net.URL;
06 import java.net.URLConnection;
07 public class A10_03 {
08     public static void main(String[] args) {
09         String sinfo = null;
10         String sinput = "I love Java";
11         try {
12             URL url = new URL("https: //www.oracle.com");  //构造 URL 的对象
```

```
13              URLConnection uc = url.openConnection();  //建立 URLConnection
14              InputStreamReader isr = new
15  InputStreamReader(uc.getInputStream(),"UTF-8");  //使用 URLConnection 的
16  //getInputStream()方法构造输入流并设置编码 UTF-8
17              BufferedReader br = new BufferedReader(isr);  //创建缓冲流
18              while((sinfo = br.readLine())! = null){
19                  System.out.println(sinfo);  //读取资源
20              }
21              }System.out.println(sinput):  //输出添加信息
22              br.close();
23          } catch (MalformedURLException e) {
24              e.printStackTrace();
25          } catch(IOException e) {
26              e.printStackTrace();
27          }
28      }
29  }
```

【运行结果】

```
Problems  Javadoc  Declaration  控制台
<已终止> A10_03 [Java 应用程序] C:\Program Files (x86)\Java\jre1.8.0_131\bin\javaw.exe (2020年12月29日 上午11:42:34)
    mta.src = "//pingjs.qq.com/h5/stats.js?v2.0.2";
    mta.setAttribute("name", "MTAH5");
    mta.setAttribute("sid", "500460529");
    var s = document.getElementsByTagName("script")[0];
    s.parentNode.insertBefore(mta, s);
  })();
  </script>

</body>

</html><!--[if !IE]>|xGv00|6d07a5b7e739c7e85514c0babdf8f6c0<![endif]-->
I love Java
```

知识拓展

URLConnection 类提供了对 HTTP 首部的访问。

URLConnection 可运行用户配置服务器的请求参数。

URLConnection 可以获取从服务器发过来的数据，同时也可以向服务器发送数据。

第三节 使用 Socket 的网络编程

Socket 编程现在得到了广泛的应用，在 Windows 上可以使用 Socket 进行网络编程，Linux 同样也可以使用 Socket 实现网络编程。

一、Socket 通信

Socket（套接字）相对 URL 而言是靠近底层进行通信的。套接字为网络编程提供了一系列方法，应用程序可以利用 Socket 提供的 API 实现网络通信。Socket 英文翻译是“插头”的意思，在网络编程中就像线连接若干个“插头”连接在客户端和服务器端。

在 Java. net 包中定义了两个类 Socket 和 ServerSocket，分别来实现双相连接的 client 和 server，而在 client 和 server 被称为一个 Socket。建立连接时需要寻址信息为计算机的 IP 地址和端口号。

二、Socket 通信的一般流程

Socket 通信工作分为构建客户端和服务器端两部分。

（一）客户端

（1）使用 Socket 类创建 Socket 对象，用于发送数据。

（2）打开连接到 Socket 的 I/O 流，使用方法 getInputStream( ) 获取输入流，使用方法 getOutputStream 获取输出流。

（3）按照相关协议对 Socket 进行读/写操作,通过读操作读取信息,通过写操作写出信息。

（4）关闭 Socket，释放资源。

（二）服务器端

（1）使用 ServerSocket 类创建 ServerSocket 对象，用于接收数据和响应客户端。

（2）打开连接到 ServerSocket 的 I/O 流，使用方法 getInputStream( ) 获取输入流，使用方法 getOutputStream 获取的输出流。

（3）按照相关协议对 ServerSocket 进行读/写操作，通过读操作读取信息，通过写操作写出信息。

（4）关闭 ServerSocket，释放资源。

通信流程如图 10-2 所示。

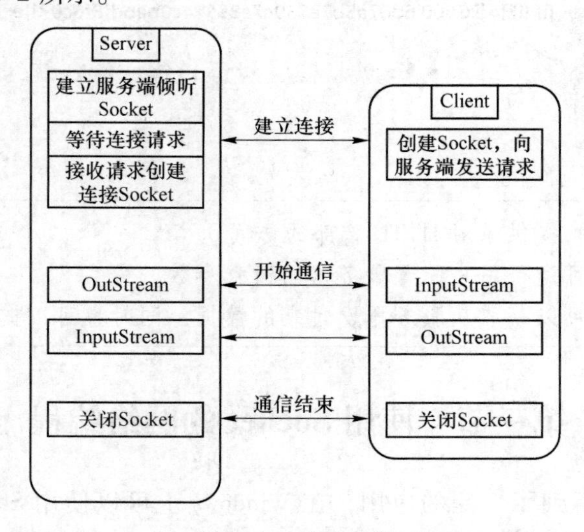

图 10-2 通信流程

三、创建客户端与服务器

客户端的Socket主要用于连接ServerSocket。常见的方法如下。

（一）Socket类构造方法

Socket类构造方法主要包括：

（1）Socket()。该方法可以通过系统默认类型的SocketImpl创建未连接套接字。

（2）Socket(InetAddress address、int port)。该方法可以创建一个流套接字并将其连接到指定IP地址的指定端口号。

（3）Socket(InetAddress address、int port，InetAddress localAddr、int localPort)。该方法可以创建一个套接字并将其连接到指定远程地址上的指定远程端口。

（4）Socket(Proxy proxy)。该方法可以创建一个未连接的套接字并指定代理类型（如果有），该代理不管其他设置如何都应被使用。

（5）Socket(SocketImpl impl)。该方法可以使用用户指定的SocketImpl创建一个未连接Socket。

（6）Socket(String host、int port)。该方法可以创建一个流套接字并将其连接到指定主机上的指定端。

（二）Socket类普通方法

Socket类普通方法包括：

（1）getChannel()。该方法可以返回与此数据报套接字关联的唯一SocketChannel对象。

（2）InetAddress getInetAddress()。该方法可以返回套接字连接的地址。

（3）InputStream getInputStream()。该方法可以返回此套接字的输入流。

（4）boolean getKeepAlive()。该方法可以测试是否启用SO_KEEPALIVE。

（5）InetAddress getLocalAddress()。该方法可以获取套接字绑定的本地地址。

（6）int getLocalPort()。该方法可以返回此套接字绑定到的本地端口。

（7）SocketAddress getLocalSocketAddress()。该方法可以返回此套接字绑定的端点的地址，如果尚未绑定则返回null。

（8）boolean getOOBInline()。该方法可以测试是否启用OOBINLINE。

（9）OutputStream getOutputStream()。该方法可以返回此套接字的输出流。

（10）int getPort()。该方法可以返回此套接字连接到的远程端口。

在Socket通信中客户端程序使用Socket与服务器建立连接，需要有服务器建立一个等待连接客户端Socket，常见ServerSocket的方法如下：

（1）ServerSocket类构造方法。其包括：

1）ServerSocket()。该方法可以创建非绑定服务器套接字。

2）ServerSocket(int port)。该方法可以创建绑定到特定端口的服务器套接字。

3）ServerSocket(int port、int backlog)。该方法可以利用指定的backlog创建服务器的套接字，并将其绑定到指定的本地端口号。

4）ServerSocket(int port、int backlog、InetAddress bindAddr)。该方法可以使用指定的端口、侦听backlog和要绑定到的本地IP地址创建服务器。

（2）ServerSocket 类普通方法。其包括：

1）int getSoTimeout( )。该方法可以获取 SO_TIMEOUT 的设置。

2）protected void implAccept(Socket s)。ServerSocket 的子类使用此方法重写 accept( ) 方法以返回它们自己的套接字子类。

3）boolean isBound( )。该方法可以返回 ServerSocket 的绑定状态。

4）boolean isClosed( )。该方法可以返回 ServerSocket 的关闭状态。

5）Socket accept( )。该方法可以侦听并接收到此套拼字的连接。

6）void bind(SocketAddress endpoint)。该方法可以将 ServerSocket 绑定到特定地址(IP 地址和端口号)。

7）void bind(SocketAddress endpoint、int backlog)。该方法可以将 ServerSocket 绑定到特定地址（IP 地址和端口号)。

8）void close( )。该方法可以关闭此套接字。

9）ServerSocketChannel getChannel( )。该方法可以返回与此套接字关联的唯一 ServerSocketChannel 对象（如果有)。

10）InetAddress getInetAddress( )。该方法可以返回此服务器套接字的本地地址。

11）int getLocalPort( )。该方法可以返回此套接字在其上侦听的端口。

（三）使用多线程

在复杂的通信过程中，使用多线程非常必要。对于服务器来说，它需要接收来自多个客户端的连接请求，处理多个客户端通信需要并发执行，那么就需要对每一个传过来的 socket 在不同的线程中进行处理，每条线程需要负责与一个客户端进行通信。以防止其中一个客户端的处理阻塞会影响其他线程。对于客户端来说，一方面要读取来自服务器端的数据，另一方面又要向服务器输出数据，它们同样也需要在不同的线程中分别处理。

【示例 A10_04】将客户端的字符的内容发送给服务器，并在服务器端显示出来。

设计服务器端的程序。服务器首先要创建监听客户端数据的端口，假设使用端口“999”；其次要创建接收输入数据的流对象；当连接成功后，通过使用客户端返回的 socket 对象的相应方法，读出客户端发送的数据。代码如下：

```
01  import java.io.*;
02  import java.net.*;
03  public class TcpComm{
04     public static void main(String[] args) throws IOEXception{
05         ServerSocket srvSocket;  //定义服务器端插口
06         Socket socket = null;
07         BufferedReader br = null;
08         srvSocket = new ServerSocket(999);  //创建监听客户的端口
09           //等待客户连接请求,收到请求前服务器处于阻塞状态,有连接返回 socket
10         socket = srvSocket.accept();
11  //使用 socket 的 getInputStream()方法获得客户端的输入数据
12         br = new BufferedReader(new InputStreamReader
13                                      (socket.getInputStream()));
```

```
14         String strMsg=br.readLine();  //读入1行数据,读数据结束后,1次连接结束
15         while(! strMsg.equals("quit")){
16             System.out.println("Client sent:"+strMsg):
17             socket=srvSocket.accept();  //等待下一次连接请求
18            br=new BufferedReader(new InputStreamReader(socket.getInputStream()));
19             strMsg=br.readLine();  //继续读取数据
20         }
21             br.close();
22             socket.close();
23         srvSocket.close();
24     }
25 }
```

设计客户端的程序。客户端首先要创建和服务器进行连接的 Socket 插口，然后利用空闲端口将数据发送到服务器端。当然，发送前要创建同该插口关联或者绑定的输出流。代码如下：

```
01 import java.io.*;
02 import java.net.*;
03 public class TcpSend{
04     public static void main(String[] args)throws IOException {
05         Socket socket=null;
06         String[] strSend={"Hello!","Welcome to our class!","quit"};
07           //要发送的数据
08         PrintWriter pw=null;  //定义输出流
09         int i=0;
10         while(i<strSend.length){
11            socket=new Socket("localhost",999);  //创建客户插口,建立同服务器连接
12                //建立与socket绑定的输出流
13         pw=new PrintWriter(new OutputStreamWriter
14                             (Socket.getOutputStream()),true);
15             pw.println(strSend[i]);  //向服务器发送数据
16               i++;
17         }
18         pw.close();
19         socket.close();
20     }
21 }
```

在创建客户端的 Socket 时，Socket 类构造方法的两个参数均是服务器的 IP 地址和端口。程序中的“localhost”代表服务器的主机名称。如果客户和服务器不在同一主机上，应当将“localhost”改为服务器的主要名称或 IP 地址。

第四节 使用 UDP 编程

采用 UDP 不能保证数据被安全可靠地送到接收方，只有在网络可靠性较高的情况下才能有较高的传输效率。在采用 UDP 通信时，通信双方无需建立连接，因而具有资源消耗小，处理速度快的优点。传输语音、视频和非关键性数据时，一般使用 UDP。

在 java. net 包中提供了用于发送和接收数据报的两个类：DatagramSocket 类和 DatagramPacket 类。DatagramSocket 类用于创建发送数据报的 Socket，DatagramPacket 类对象用于创建数据报。

一、DatagramSocket 类

（一）DatagramSocket 类的构造方法

DatagramSocket 类的构造方法有：

（1）DatagramSocket( )。该方法可以创建一个数据报 Socket，其通信端口为本地主机上任何可用的端口。

（2）DatagramSocket(int port)。该方法可以创建一个指定通信端口的数据报 Socket。

（3）DatagramSocket(int port，InetAddress laddr)。该方法可以创建一个指定 IP 地址和端口的 Socket，一般在本地具有多个 IP 的情况下使用。

在创建 DatagramSocket 类的对象时，如果指定的端口已经被使用，则会产生 SocketException 异常，并导致程序非法终止，应该注意捕获该异常。

（二）DatagramSocket 类的主要方法

DatagramSocket 类的主要方法有：

（1）receive(DatagramPacket p)。该方法可以接收数据报到 p 中。

（2）send(DatagramPack p)。该方法可以发送数据报 p。

（3）setSotimeout(int timeout)。该方法可以设置失效时间。

（4）close( )。该方法可以关闭 DatagramSocket 对象。

二、DatagramPacket 类

（一）DatagramPacket 类的构造方法

DatagramPacket 类的构造方法有：

（1）DatagramPacket(byte[ ] buf，int length)。该构造方法在接收数据时使用，用于创建接收数据的数据报对象，并以 buf 为缓冲区指针，length 是接收的字节数，将接收的数据报存放到 buf 指向的缓冲区中。

（2）DatagramPacket(byte[ ] buf，int legnth，InetAddress address，int port)。该构造方法在发送数据时使用，用于创建一个以 buf 为缓冲区首地址、字节数为 Length、目标主机 IP 地址为 address、端口为 port 的数据报。

（二）DatagramPacket 类的主要方法

DatagramPacket 类的主要方法有：

(1) InetAddress getAddress( )。该方法可以获得发送数据报的主机的 IP 地址。

(2) int getPort( )。该方法可以获得发送数据报的主机所使用的端口号。

(3) byte[ ]getData( )。该方法可以从数据报中获得以字节为单位的数据。

三、使用 UDP 的通信编程

使用 UDP 发送的接收数据时，应当为数据报建立缓冲区。发送数据时，将缓冲区的数据打包形成要发送的数据报，再使用 DatagramSocket 类的 send( ) 方法将数据报发送出去；接收数据时，使用 DataramSocket 类的 receive( ) 方法，将数据报存入 DatagramPacket 类对象中，在创建该数据报对象时，需要指定数据报的缓冲区的指针。

(一) 发送端程序的基本代码

假设接收方主机的 IP 地址为“192.168.3.11”、端口为“8088”，待发送数据的缓冲区地址为 message，数据报的长度为 512。完成发送需要如下代码：

```
DatagramPacket outPacket = new DatagramPacket(message,512,"192.168.3.11",8088);
DatagramSocket outSocket = new DatagramSocket();
outSocket.send(outPacket);
```

message 是字节型的数组。在发送前必须将要发送的数据存放到该数组中。

(二) 接收端程序的基本代码

在接收数据报之前，应先为数据报创建缓冲区，该缓冲区是一个字节型数组。缓冲区创建好以后，再创建用于接收的数据报，最后创建用于接收数据报的套接字。用于接收的主要代码如下：

```
byte[] inbuffer = new byte[1024];  //接收缓冲区
DatagramPacket inPacket = new DatagramPacket(inbuffer,inbuffer.length);
DatagramSocket inSocket = new DatagramSocket(8088)  //创建接收数据的套接字
inSocket.receive(inPacket);  //接收数据报
```

【示例 A10_05】假设服务器的 IP 地址为“192.168.3.11”，利用其“5656”端口监听来自客户的数据，当接收到客户数据后，在服务器端显示该数据，然后将数据转换成大写字符返回给客户端，客户端接收到返回的数据后显示出来。服务器端程序代码如下：

```
01  import java.io.* ;
02  import java.net.* ;
03  import java.awt.* ;
04  import java.awt.evetn.* ;
05  public class UDPServer extends Frame{
06      Label lbl;  //显示提示信息
07      TextArea txtInfo;  //显示客户端发送的信息
08      DatagramSocket serverSocket;  //定义 DatagramSocket 对象
09      DatagramPacket serverPacket;  //定义 DatagramPacket 对象
10      byte[] buffer = new byte[1024];  //定义发送和接收数据的缓冲区
```

```
11      String msg;
12      void init() {  //显示服务器端应用程序界面
13          lbl = new Label("来自客户端的信息");
14          txtInfo = new TextArea(20,60);
15          add(lbl,"North");
16          add(txtInfo,"Center");
17          addWindowListener(new WindowAdaper(){
18              public void windowClosing(WindowEvent evt){
19                  System.exit(0);
20              }
21          })
22          setTitle("服务器端")
23          setSize(300,200);
24          setVisible(true);
25      }
26      void recandsend(){  //用于接收和发送数据的方法
27          try {  //创建服务器端发送和接收数据套接字
28              DatagramSocket srverSocket = new DatagramSocket(5656);
29              txtInfo.apend("\nServer is waiting……");
30              while(true) {  //创建用于接数据的数据报对象
31                  serverPacket = new DatagramPacket(buffer,buffer.length);
32                  serverSocket.receive(serverPacket);
33  //接收数据报存入 serverPacketk 中
34                    //将缓冲区的数据转换成 data 指向的字符串
35                  String data = new String(buffer,0,serverPacket.getLength());
36                  if(data.trim() = = "quit")  //判断客户端发送的是否为 quit
37                      break;
38                  txtInfo.append("\nClient said:" + data);  //添加接收到的数据到文本区
39                  String strToSend = data.toUpperCase();  //收到数据转换成大写字符串
40                  InetAddress clienIP = serverPacket.getAddress();
41    //获得数据报主机 IP
42                  int clientPort = serverPacket.getPort();  //获得接收到数据报的主机端口
43                  byte[] msg = strToSend.getBytes();  //将字符串转换成字节数组
44                    //创建发送的数据报对象,内容为 msg 指向的数组
45                  DatagramPacket clienPacket = new DatagramPacket(msg,
46                                  strToSend.length(),clientIP,clentPort);
47                  serverSocket.send(clidentPacket);  //发送数据报到客户端
48              }
49              serverSocket.close()  //关闭服务器 socket
50              txtInfo.append("\nServer is closed!");
51          }catch(Exception e){
52              e.printStackTrace();
```

```
53          }
54      }
55      pulic static void main(String[] args) {
56          UDPServer udpserver = new UDPServer();   //创建应用程序对象
57          udpserver.init();  //调用 init()方法
58          udpserver.recandsend();  //调用 recandsend()方法
59      }
60  }
```

客户端程序代码如下：

```
01  import java.io.*
02  import java.net.* ;
03  import java.awt.* ;
04  import java.awt.event.* ;
05  public class UDPClient extends Frame implements ActionListener{
06      Label lbl;  //显示文字信息的标签对象
07      TextFiled txtinput;  //用于输入信息文本域对象
08      TextArea txtInfo;  //显示从服务器返回信息的文本区对象
09      Panel panel1;  //定义面板对象
10      String strToSend;
11      byte[] bufsend;  //发送缓冲区
12      byte[] bufreceive;  //接收缓冲区
13      DatatgramSocket clientSocket;  //客户端 socket
14      DatagramPacket clientPacket;  //客户端数据报对象
15      void init(){  //生成应用程序界面
16          panel1 = new Panel();
17          panel1.setLayout(new BorderLayout());
18          lbl = new Label("输入发送的信息:");
19          txtInput = new TextFiled(30);
20          txtInfo = new TextArea(20,60);
21          add(panel1,"North");
22          add(txtInfo,"Center");
23          panel1.add(lbl,"West");
24          panel1.add(txtInput,"Center");
25          txtInput.addActionListener(this);  //为文本域注册侦听器
26          addWindowListener(new WindowAdapter(){     Windows 事件注册适配器类
27              public void windowClosing(WindowEvent evt){
28                  clientSocket.close();
29                  System.exit(0);
30              }           });
```

```
31            setTitle("客户端");
32            setSize(300,200);
33            setLocation(200,200);
34            setVisible(true);
35        }
36        void setSocket(){   //创建客户端的 Socket
37            try {
38                clientSocket = new DatagramSocket();
39            }catch(Exception e){
40                e.printStackTrace();
41            }
42        }
43          //利用文本域的 actionPerformed()方法实现通信
44        public void actionPerformed(ActionEvent e) {
45            strToSend = txtInput.getText();  //获得文本域输入的文本内容
46            bufsend = strToSend.getBytes();  //转换成待发送的字节数组
47            try{  //创建待发送的数据报对象
48               clientPacket = new DatagramPacket(bufsend,strToSend.length(),
49                          InetAddress.getByName("10.0.0.1"),5656);
50                clientSocket.send(clientPacket);  //发送已创建的数据报
51                bufreceive = new byte[1024];  //创建字节数组为接收缓冲区
52                  //创建用于接收数据的数据报对象
53                DatagramPacket receivePacket = new DatagramPacket(bufreceive,1024);
54                clientSocket.receive(receivePacket);  //接收服务器返回的数据
55                String received = new String(receivePacket.getData(),0,
56                receivePacket.getLength());  //将接收的数据转换成字符串
57                txtInfo.append("\nFrom server:" + received);
58                  //添加到文本区并显示出来
59            }catch(Exception ex) {
60                ex.printStackTrace();
61            }
62            txtInput.setText("")  //清除文本域的内容
63            }
64        public staic void main(String[] args){
65                UDPClicent udpclient = new UDPClient();  //创建客户端应用程序
66                udpclient.init();  //调用 init()方法
67                udpclient.setSocket();  //调用 setSocket()方法
68        }
69    }
```

实 战 训 练

编写从某一网站读取 HTML 文档的程序，设计类 ReadURL，既能以 Applet 运行，又能以 Application 运行。代码如下：

```
01 import java.io.*;
02 import java.net.*;
03 import java.applet.*;
04 import java.awt.*;
05 import java.awt.event.*;
06 public class ReadURL extends Applet implements ActionListener{
07    TextFiled tfURL;
08    TextArea taContext;
09    Label lbMsg;
10    public void init(){
11        setLayout(new BorderLayout());
12          //该对象在本地机器上,就当在本地机器上建立 Web 站点并启用 Web 服务
13        tfURL = new TextFiled("http://127.0.0.1/sun/");
14        Button btGet = new Button("DownLoad");
15        taContext = new Text Area(25,6);
16        lbMst = new Label("                ");
17        Panel panel=new Panel();
18        panel.add(tfURL);
19        panel.add(btGET);
20        btGet.addActionListener(this);
21        add(panel,BorderLayout.NORTH);
22        add(taContext,BorderLayout.CENTER);
23        add(lbMsg,BordetLayout.SOUTH);
24    }
25      //实现 ActionListener 接口中的 actionPerformed()方法
26    public void actionPerformed(ActionEvent event)       {
27        try {
28        URL url = new URL(tfURL.getText());  //创建 URL 对象
29          //创建输入字符流,InputStreamReader 能够将字节流 8 转换为字符流 16
30        BufferedReader in =new BufferedReader(new InputStreamReader
31                                              (url.openStream()));
32        String inputLine;
33        while((intputLine = in.readLine() )! =null) {
34            taContext.append(intputLine+"\n");
35            System.out.println(intputLine);
36        }
```

```
37          in close();  //关闭输入流
38          }catch(IOException e) {
39              lbMsg.setText(e.toString());
40          }
41      }
42      public static void main(String[] args) {
43          ReadURL rdurl = new ReadURL();  //创建 ReadURL 对象
44          Frame frm = new Frame("ReadURL");  //创建框架
45          frm.addWindowListener(  //为 frm 注册监听器类
46          new WindowAdapter(){
47              public void windowClosing(WindowEvent e){
48                  System.exit(0);
49              }
50          });
51          frm.add(rdurl,BorderLayout.CENTER);
52          frm.setSize(500,500);
53          rdurl.int();  //调用 Applet 的 init()
54          rdurl.start();  //调用 Applet 的 start()
55          frm.setVisible(true);
56      }
57  }
```

【程序分析】

该程序是小应用程序,既可以嵌入在 HTML 文档中以 Applet 方式运行,也可以作为独立的 Application 运行。要实现这一功能,需要在类中加入 main( )方法,在 main( )方法中创建 ReadURL 类对象 rdurl,并且创建一个 Frame 对象作为 rudurl 的容器,使该容器以一定的大小显示出来。在以 Applicataion 运行时,程序入口为 main( )方法,所以,就当在 main( )方法中调用 Applet 的 init( )和 start( )方法。程序中的 url. openStream( )方法返回的是 InputStream 对象,它是一个字节流,BufferedReader 是一个字符流,因此用 InputStreamReader 将字节流转换成字符流,in 是字符流对象。

第十一章　图形用户界面

（1）了解 AWT 和 Swing 之间的关系；
（2）掌握常见 GUI 组件的使用；
（3）掌握常见的布局管理器；
（4）理解事件处理机制及关系。

第一节　了解 GUI

Java 语言从诞生发展到现在，先后提供了两类图形用户界面技术，分别是 AWT 和 Swing。

Java 的 java. awt 包，即 Java 抽象窗口工具包（Abstract Window Toolkit，AWT）提供了许多用来设计图形用户界面的组件类。在 JavaSE 的早期版本中，主要提供的是 AWT 图形用户界面，它的平台相关性较强，而且缺少基本的剪贴板和打印支持功能，所以 JDK1. 2 推出之后，增加了一个新的 javax. swing 包，该包提供了功能更为强大的 GUI 类，用来克服 AWT 图形用户界面的一些缺点，更好地进行图形界面的设计。Swing 是在 AWT 的基础上构建的一套新的图形界面系统，它提供了 AWT 能够提供的所有功能 ，并且用纯粹的 Java 代码对 AWT 的功能进行了大幅度的扩充，下面分别介绍 java. awt 和 javax. swing 包中的主要类及类之间的继承关系。

java. awt 包中的主要类及类之间的继承关系如图 11-1 所示。

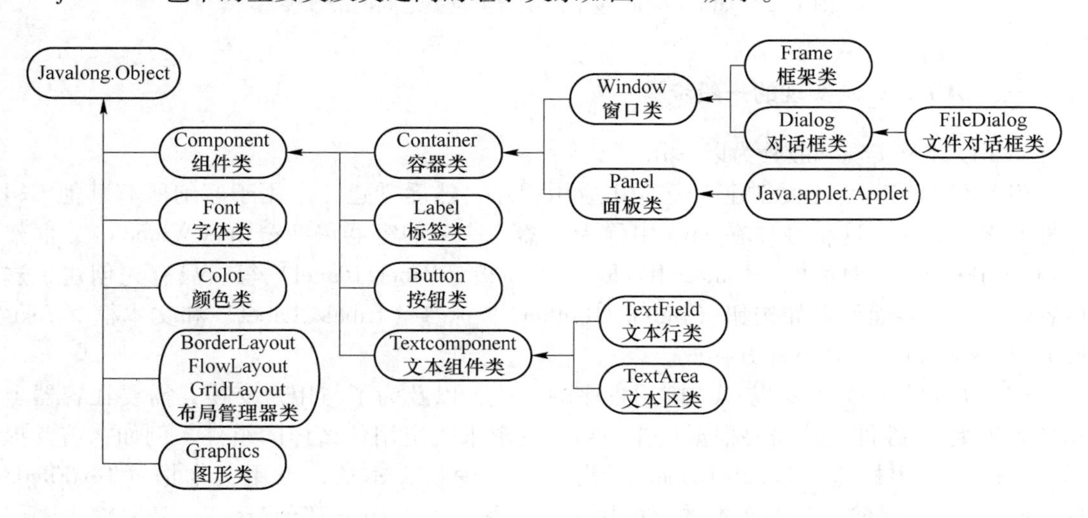

图 11-1　java. awt 包中的主要类及类之间的继承关系

javax. swing 包中的主要类及类之间的继承关系如图 11-2 所示。

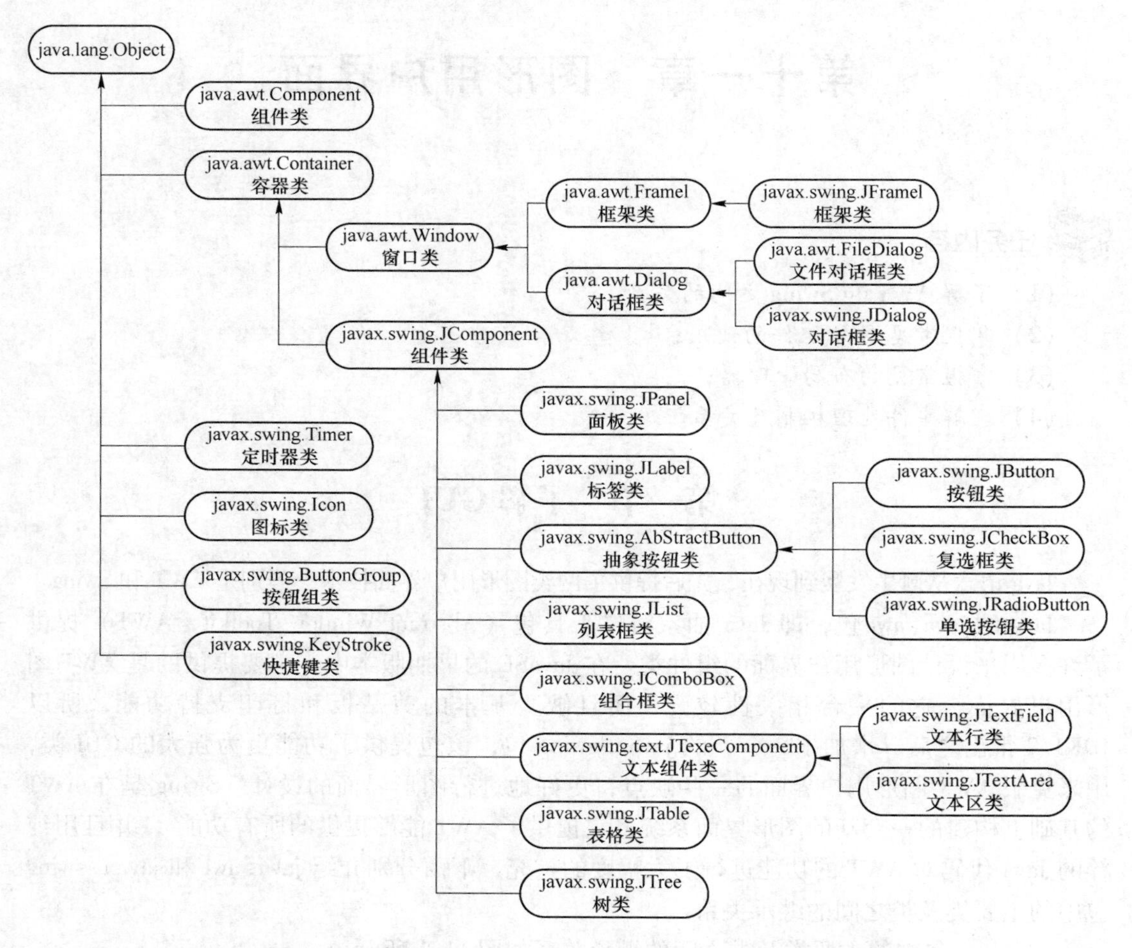

图 11-2 javax. swing 包中的主要类及类之间的继承关系

一、GUI 设计及实现的一般步骤

GUI 设计及实现一般分为以下几个步骤：

（1）建容器。首先要创建一个 GUI 应用程序，然后创建一个用于容纳所有其他 GUI 组件元素的载体，这个载体在 Java 中称为容器。典型的容器包括窗口（Window）、框架（Frame/JFrame）、对话框（Dialog/JDialog）和面板（Panel/JPanel）等。只有先创建了这些容器，其他界面元素如按钮（Button/JButton）、标签（Label/JLabel）和文本框（TextField/JTextField）等才有地方存放。

（2）加组件。为了实现 GUI 应用程序的功能，以及为了与用户交换，需要在容器上添加各种组件/控件。这需要根据具体的功能要求来决定用什么样的组件。例如，需要提示信息的，可用标签（Label/JLabel）；需要输入少量文本的，可用文本框（TextFiled/JTextFiled）；需要输入较多文本的，可用文本区域（TextArea/JTextArea）；需要输入密码的，可用密码域（JPasswordFiled）等。

（3）安排组件。与传统的 Windows 环境下的 GUI 软件开发工具不同，为了更好地实现跨平台，Java 程序中各组件的位置、大小一般不是以绝对量来衡量的，而是以相对量来衡量的。例如，程序各组件的位置是按“东/East”“西/West”“南/South”“北/North”“中/Center”这种方位来标识的，我们称为东、西、南、北、中布局管理器（Broderlayout），此外还有流布局管理器（Flowlayout）、网格布局管理器（Gridlayout）、卡片布局（Cardlayout）。因此，在组织界面时，除要考虑所需的组件种类外，还需要考虑如何安排这些组件的位置与大小。这一般是通过设置布局管理器（Layout Manager）及其相关属性来实现的。

（4）添加事件。为了完成一个 GUI 应用程序所应具备的功能，除适当地安排各种组件产生美观的界面外，还需要处理各种界面元素事件，以便真正实现与用户的交换，完成程序的功能。在 Java 程序中这一般是通过实现的事件监听者接口来完成的。如果需要响应按钮事件，就需要实现 ActionListener 监听者接口；如果需要响应窗口事件，就需要实现 WindowListener 监听者接口。

二、认识组件及容器

组件：界面中的组成部分，如按钮、标签和菜单。

容器：容器也是组件的一种，能容纳其他组件，如窗口和面板。

在 Java 中，所有的 swing 都在 java. swing 包中。

组件类 JComponent 和它的子类——容器类 JContainer 是两个非常重要的类。JComponent 及子类的继承关系如图 11-3 所示。

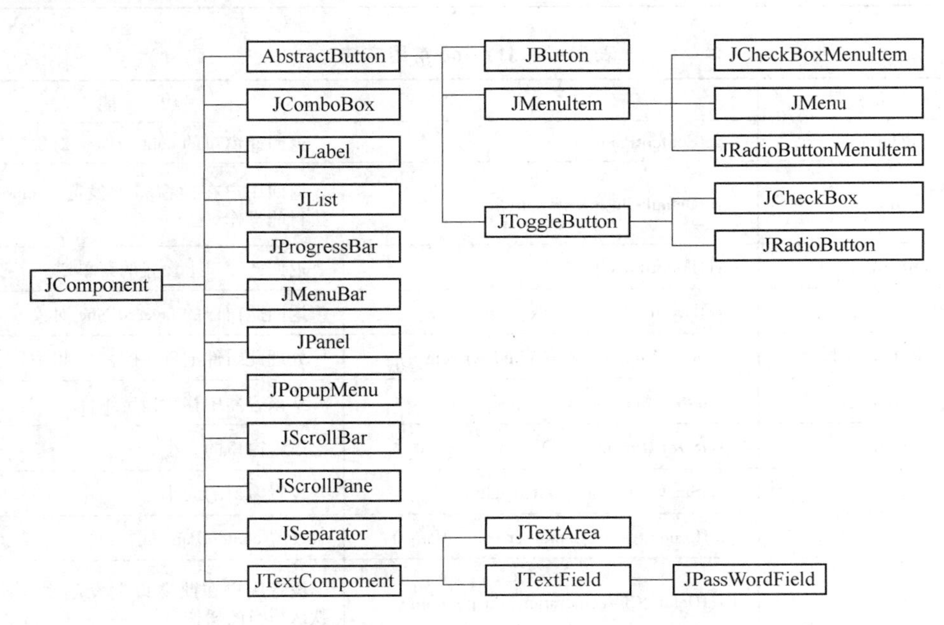

图 11-3　JComponent 及子类的继承关系

（1）组件类 JComponent 包含了按钮类 JButton、复制按钮类 JCheckBox、标签类 JLabel、列表类 JList、文本框类 JTextField 与多选文本域类 JTextArea 等，由它们创建的对象称为组件，是构成图形界面的基本组成部分。

（2）容器类 JContainer 作为组件类的个子类，实际上也是一个组件，具有组件的所有性质，但它是用来容纳其他组件和容器的，主要包括面板类 JPanel、结构类 JFrame、对话框类 JDialog 等。由这些类创建的对象称为容器，可通过组件类提供的 public add( ) 方法将组件添加到容器中，即一个容器通过调用 add( ) 方法将组件添加到该容器中。这样用户可以操作在容器中呈现的各种组件，以达到与系统交互的目的。

（一）JFram（框架）

Swing 顶级容器有 3 个基本构造块：标签、按钮和文本字段。现在需要有个地方安放它们，并希望用户知道如何处理它们。JFram 是一个容器，允许程序员把其他组件（标签、按钮、菜单、复选框）添加到它里面，把它们组织起来，呈现给用户。

JFram 的构造方法见表 11-1，常用方法见表 11-2。

表 11-1 JFram 构造方法

访问权限	参 数
public	JFram( ) 构造一个初始时不可见的新窗口
public	JFram(GraphicsConfiguration gc) 以屏幕设备的指定 GraphicsConfiguration 和空白标题创建一个 Frame
public	JFram(String title) 创建一个新的、初始不可见的、具有指定标题的 Frame
public	JFram(String title, GraphicsConfiguration gc) 创建一个具有指定标题和指定屏幕设备的 GraphicsConfiguration 的 JFrame

表 11-2 JFrame 常用方法

返回值及权限	定 义	功 能
Container	getContentPane( )	返回此窗口的 contentPane 对象
int	getDefaultCloseOperation( )	返回用户在此窗口上发起"close"时执行的操作
JMenuBar	getJMenuBar( )	返回此窗口上设置的菜单栏
JLayeredPane	getLayeredPane( )	返回此窗口的 layeredPane 对象
protected void	processWindowEvent(WindowEvent e)	处理此组件上发生的窗口事件
void	remove(Component comp)	从该容器中移除指定组件
void	setSize(Dimension d)	设置窗口的大小
void	setSize(init width, int height)	设置窗口的大小
void	setContentpane(Container contentPane)	设置 contentPane 属性
void	setDefaultCloseOperation(int peration)	设置用户在此窗口上发起"close"时默认执行的操作
void	setIconImage(Image image)	设置要作为此窗口图标显示的图像
void	setJMenuBar(JMenuBar menubar)	设置此窗口的菜单栏
void	setLayeredPane(JlayeredPane layeredPane)	设置 layeredPane 属性

续表 11-2

返回值及权限	定　义	功　能
void	setLayout(LayoutManager managet)	设置 LayoutManager
protected void	setRootPaneCheckingEnabled(boolean enabled)	设置是否将对 add 和 setLayout 调用转发到 contentPane
void	update(Graphics g)	只是调用 paiint(g)
void	setEnabled(boolean b)	根据参数 b 的值启用或禁用此组件
void	setVisible(boolean b)	根据参数 b 的值显示或隐藏此组件

创建一个窗体有两种办法：

（1）在程序中定义一个 JFrame 类的对象，并且设置 JFrame 对象的相关属性。

（2）自定义的类继承于 JFram 类，并设置相关属性。

下面通过实例介绍如何设置一个窗口，并显示这个窗口。

【示例 A11_01】通过 JFrame 类的对象创建一个大小为 400 像素 ×200 像素，标题为“我的第一个窗体”的窗口并显示。

方法 1：通过创建一个 JFrame 类的对象创建一个窗口。代码如下：

```
01  package com;
02  import java.awt.Dimension;
03  import javax.Swing.JFrame;
04  public class A11_01 {
05     public static void main(String[] args) {
06           //创建一个窗口,并且设置标题为"我的第一个窗体"
07         JFrame jf = new JFrame("我的第一个窗体");
08         jf.setSize(new Dimension(400,200));  //设置窗口的大小
09         jf.setSize(400,200);  //设置窗口的大小
10         jf.setTitle("我的第一个窗体");  //设置窗口的标题
11         jf.setVisible(true);
12     }
13  }
```

【运行结果】

方法 2：通过继承 JFrame 类。代码如下：

```
01 package com;
02 import java.awt.Dimension;
03 import javax.Swing.JFrame;
04 public class FirstFrame {
05     public static void main(String[] args){
06           //创建一个窗口,并且设置标题为"我的第一个窗体"
07         JFrame jf = new JFrame("我的第一个窗体");
08         jf.setSize(new Dimension(400,200));  //设置窗口的大小
09         jf.setSize(400,200);  //设置窗口的大小
10         jf.setTitle("我的第一个窗体");  //设置窗口的标题
11         jf.setVisible(true);
12     }
13 }
```

通过上面的实例可知，当单击窗口关闭按钮时，虽然窗口消失了，但是窗口的进程 javaw. exe 并没有消失，如图 11-4 所示，这是由于没有对窗口设置关闭属性或者关闭事件。

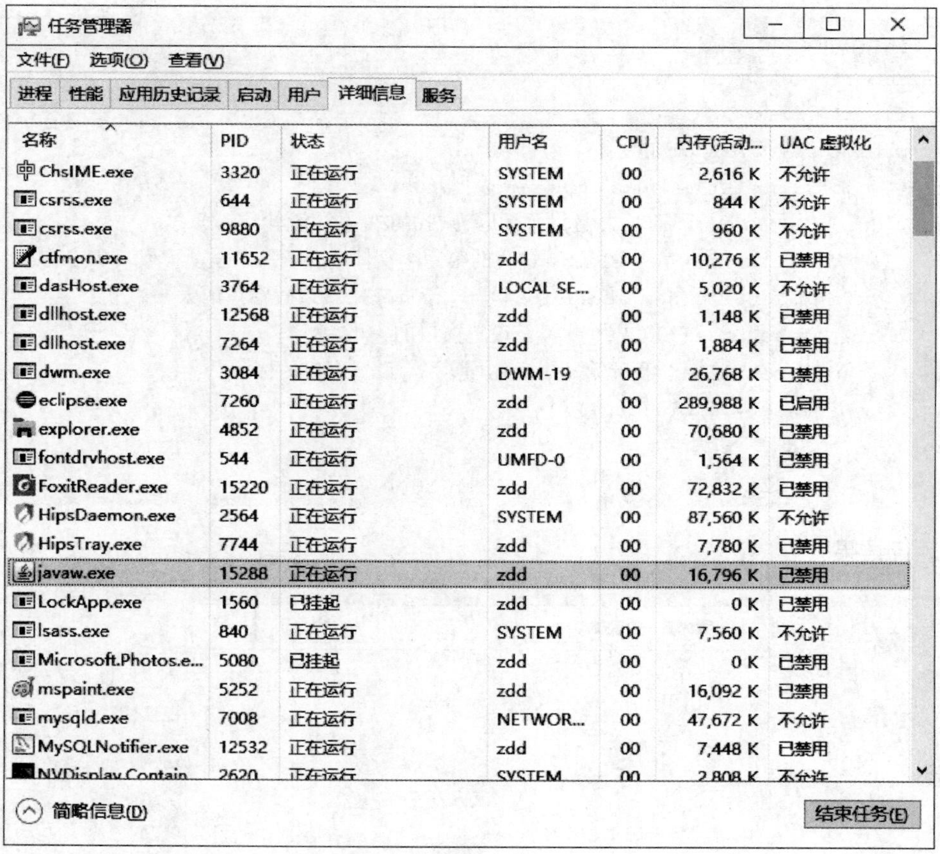

任务管理器

文件(F) 选项(O) 查看(V)

进程 性能 应用历史记录 启动 用户 详细信息 服务

名称	PID	状态	用户名	CPU	内存(活动...	UAC 虚拟化
ChsIME.exe	3320	正在运行	SYSTEM	00	2,616 K	不允许
csrss.exe	644	正在运行	SYSTEM	00	844 K	不允许
csrss.exe	9880	正在运行	SYSTEM	00	960 K	不允许
ctfmon.exe	11652	正在运行	zdd	00	10,276 K	已禁用
dasHost.exe	3764	正在运行	LOCAL SE...	00	5,020 K	不允许
dllhost.exe	12568	正在运行	zdd	00	1,148 K	已禁用
dllhost.exe	7264	正在运行	zdd	00	1,884 K	已禁用
dwm.exe	3084	正在运行	DWM-19	00	26,768 K	已禁用
eclipse.exe	7260	正在运行	zdd	00	289,988 K	已启用
explorer.exe	4852	正在运行	zdd	00	70,680 K	已禁用
fontdrvhost.exe	544	正在运行	UMFD-0	00	1,564 K	已禁用
FoxitReader.exe	15220	正在运行	zdd	00	72,832 K	已禁用
HipsDaemon.exe	2564	正在运行	SYSTEM	00	87,560 K	不允许
HipsTray.exe	7744	正在运行	zdd	00	7,780 K	已禁用
javaw.exe	15288	正在运行	zdd	00	16,796 K	已禁用
LockApp.exe	1560	已挂起	zdd	00	0 K	已禁用
lsass.exe	840	正在运行	SYSTEM	00	7,560 K	不允许
Microsoft.Photos.e...	5080	已挂起	zdd	00	0 K	已禁用
mspaint.exe	5252	正在运行	zdd	00	16,092 K	已禁用
mysqld.exe	7008	正在运行	NETWOR...	00	47,672 K	不允许
MySQLNotifier.exe	12532	正在运行	zdd	00	7,448 K	已禁用
NVDisplay.Contain	2620	正在运行	SYSTEM	00	2,808 K	不允许

简略信息(D) 结束任务(E)

图 11-4 窗口进程

【示例 A11_02】通过 JFrame 类的对象创建一个大小为 400 像素 × 300 像素，标题为“我的测试窗口”（利用构造方法实现），在屏幕的（400，200）处，背景为蓝色的窗口并显示。代码如下：

```
01 package com;
02 import java.awt.Color;
03 import java.awt.Point;
04 import javax.Swing.JFrame;
05 public class A11_02 {
06    public static void main(String[] args) {
07          //通过 JFrame 的构造方法设置窗口的标题
08        JFrame jf = JFrame("我的测试窗口");
09        jf.setSize(400,300);  //设置窗口的大小
10          //创建一个 point 类的对象为了设置窗口在屏幕中显示的位置
11        Point pt = new Point(400,200);
12        jf.setLocation(pt);  //设置窗口在屏幕中的显示位置
13        jf.getContentPane().setBackground(Color.BLUE);
          //设置窗口背景颜色为蓝色
14        jf.setDefaultCloseOperation(JFram.EXIT_ON_CLOSE);  //设置窗口关闭方式
15        jf.setVisible(true);  //设置窗口为可见的
16    }
17 }
```

【运行结果】

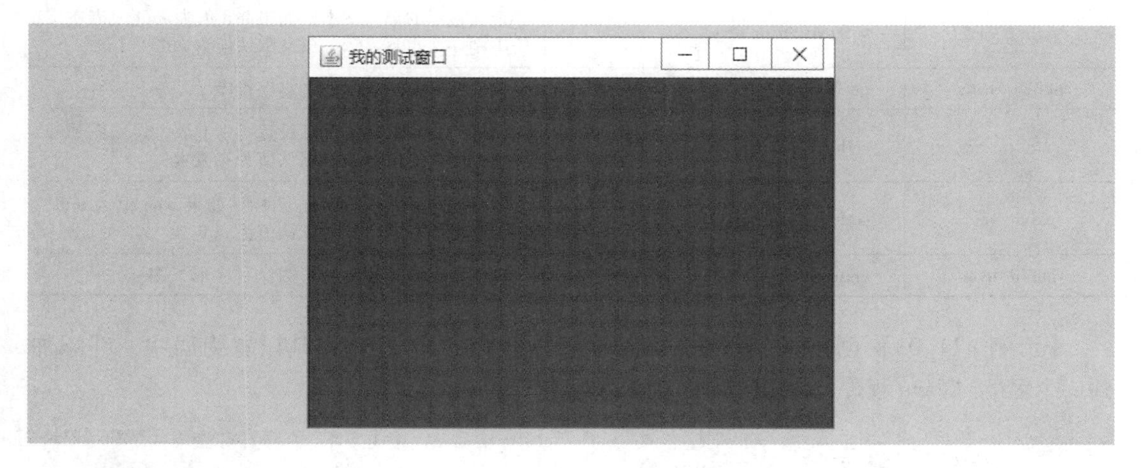

【程序分析】

JFrame 框架一旦创建，就已经包含了一个内容面板，一般在向 JFrame 框架中添加组件时，都加在了内容面板中，这个面板可以通过 JFrame 的成员方法 getContentPane( ) 取出来。所以，即使设置了 JFrame 的背景颜色，也仍然会被内容面板盖住，这样就不如设置内容面板的背景颜色了。通过 JFrame 的 getContentPane( ) 方法先获取窗口的默认面板，再通过设置面板的背景颜色方法 setBackground(Color. BLUE) 来设置窗口的背景颜色。

（二）JLabel（标签）

JLabel（标签）对象可以显示文本、图像或者同时显示二者。在图形开发过程中，JLabel（标签）一般用于显示静态文本。可以通过设置垂直和水平对齐方式，指定标签显示区中的标签内容在何处对齐。在默认情况下，标签在其显示区内垂直居中对齐；只显示文本的标签是开始边对齐；而只显示图像的标签则水平居中对齐。标签的显示内容是不能被修改的。JLabel 的构造方法见表 11-3，常用方法见表 11-4。

表 11-3 JLabel 构造方法

访问权限	参数
public	JLabel(String text, Icon icon, int horizontalAlignment)，创建具有指定文本、图像和水平对齐方式的 JLabel 实例，该标签在其显示区内垂直居中对齐，文本位于图像结尾边上
public	JLabel(String text, int horizontalAlignment)，创建具有指定文本和水平对齐方式的 JLabel 实例，该标签在其显示区内垂直居中对齐
public	JLabel(String text)，创建具有指定文本的 JLabel 实例，该标签与其显示区的开始边对齐，并垂直居中
public	JLabel(Icon image, int horizontalAlignment)，创建具有指定图像和水平对齐方式的 JLabel 实例，该标签在其显示区内垂直居中对齐
public	JLabel(Icon image)，创建具有指定图像的 JLabel 实例，该标签在其显示区内垂直和水平居中对齐
pubic	JLabel()，创建无图像并且其标题为空字符串的 JLabel。该标签在其显示区内垂直居中对齐。一旦设置了标签的内容，该内容就会显示在标签显示区的开始边上

表 11-4 JLabel 常用方法

返回值及权限	定义	功能
public void	setText(String text)	定义显示的单行文本。如果 text 值为 null 或者空字符串则什么也不显示。属性默认值为 null
public String	getText()	返回该标签所显示的文本字符串
public void	setIconTextGap(int iconTextGap)	图标和文本的属性都已设置，则此属性定义图标和文本之间的间隔。属性默认值为 4 像素
public void	setIcon(Icon icon)	定义此组件将要显示的图标。如果 icon 值为 null，则什么也不显示。属性默认值为 null
public Icon	getIcon()	返回该标签显示的图形图像（字形、图标）

【示例 A11_03】创建一个标签，设置显示内容为“Java”，将其设置为居中，并添加到一个名为“Java 程序”的窗体中。代码如下：

```
01  import java.awt.Point;
02  import javax.swing.JFrame;
03  import javax.swing.JLabel;
04  public class A11_03 {
05     public static void main(String[] args) {
06         JFrame jf = new JFrame("Java 程序");
07  //声明名为“Java 程序设计”的一个窗体
```

```
08         jf.setVisible(true);  //设置窗体的可见性为 true
09         jf.setSize(250,250);
10         Point p = new Point(250,250);
11         jf.setLocation(p);  //设置窗体在屏幕上的显示位置
12         JLabel jl = new JLabel("java",JLabel.CENTER);
13 //创建标签对象,并将其居中对齐
14         jf.add(jl);  //将该标签添加到名为"java 程序"的窗体中
15     }
16 }
```

【运行结果】

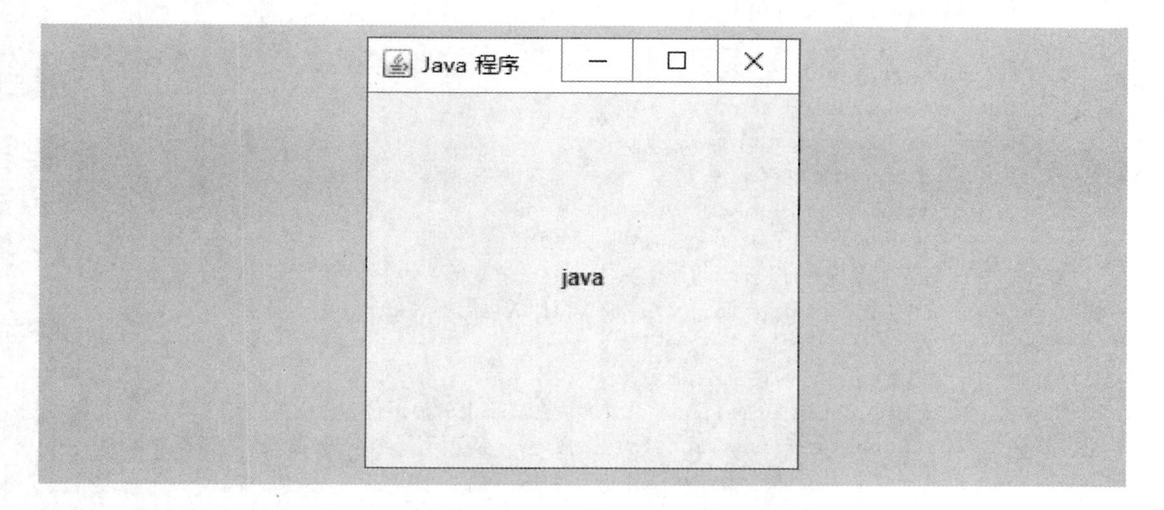

（三）JButton（按钮）

JButton（按钮）是用户在图形界面设计中使用率最高的控件之一，是用于触发特定动作的组件。它一般完成用户的提交操作（如注册、修改等）。它只有按下和释放两种状态，用户可以通过捕获按下并释放的动作执行一些操作。JButton 的构造方法见表 11-5，常用方法见表 11-6。

表 11-5　JButton 构造方法

访问权限	参　　数
public	JButton( )，建立一个按钮
public	JButton(String text)，创建一个带文本的按钮
public	JButton(Icon icon)，创建一个带图标的按钮
public	JButton(String text，Icon icon)，创建具有图像和文本的按钮

表 11-6　JButton 常用方法

返回值及权限	定　　义	功　　能
public void	addActionListener(ActionListener l)	将一个 ActionListener 添加到按钮中，也就是对按钮添加事件监听

续表 11-6

返回值及权限	定 义	功 能
public String	getActionCommand( )	返回此按钮的动作命令
public Icon	getIcon( )	返回默认图标
public String	getText( )	返回按钮的文本
public void	setEnabled(boolean b)	启用(或禁用)按钮。当设置参数为 false 时,按钮将不能被按下,系统默认为 true
public void	setIcon(Icon defaultIcon)	设置按钮的默认图标
public void	setText(String text)	设置按钮的文本

【示例 A11_04】创建一个按钮，设置显示内容为“提交”，将其添加到一个名为“Java 程序”的窗体中。代码如下：

```
01  import java.awt.Point;
02  import javax.swing.JButton;
03  import javax.swing.JFrame;
04  public class A11_04 {
05     public static void main(String[] args) {
06         JFrame jf = new JFrame("java 程序");
07  //声明名为“Java 程序设计”的一个窗体
08         jf.setVisible(true);  //设置窗体的可见性为 true
09         jf.setSize(250,250);
10         Point p = new Point(250,250);
11         jf.setLocation(p);  //设置窗体在屏幕上的显示位置
12         JButton jt = new JButton("提交");  //声明一个名为“提交”的按钮对象
13         jf.add(jt);  //将按钮添加到窗体中
14     }
15  }
```

【运行结果】

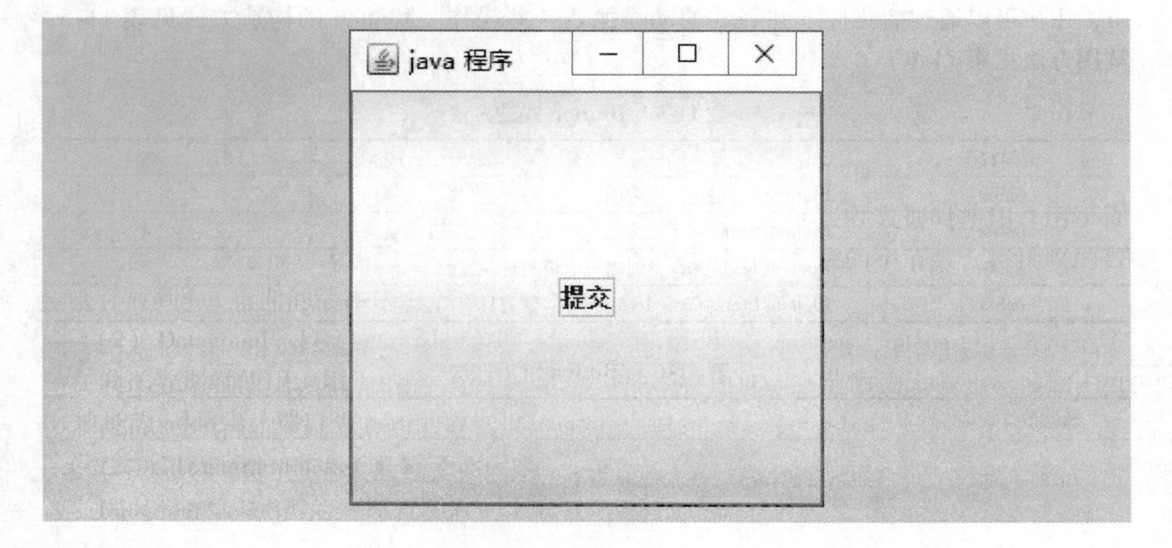

(四) JTextFiled (文本框)

JTextFiled (文本框) 实现一个文本框，用来接收用户输入的单行文本信息。当用户需要在窗体程序中输入账号时，可以利用JTextFiled来实现这一操作。JTextArea提供了多行文本的输入。JTextFiled的常用构造方法见表11-7，常用方法见表11-8。

表11-7　JTextFiled构造方法

访问权限	参　数
public	JTextField()，构造一个新的JTextFiled控件
public	JTextField(int columns)，构造一个具有指定列数的新的空TextField控件
public	JTextField(String text)，构造一个用指定文本初始化的新TextField控件
public	JTextFiled(String text, int columns)，构造一个用指定文本和列初始化的新TextField

表11-8　JTextField常用方法

返回值及权限	定　义	功　能
public void	addActionListener(ActionListener 1)	将一个ActionListener添加到文本框中，也就是对文本框添加事件监听
public void	setColumns(int columns)	设置此TextField中的列数，然后验证布局
public Icon	setText(String text)	设置文本框里的内容
public String	getText()	设置文本框里的内容
public void	setFont(Font f)	设置当前字体
public void	setEditable(boolean enable)	设置文本框是否可编辑
public void	setEnable(boolean enable)	设置文本框是否可用

JPasswordFiled控件与JTextField控件用法类似。在JPasswordField类中还常用setEcho-Char(char c) 方法，实现在文本框中用设置的字符显示用户输入的字符。如果用户不使用setEchoChar() 方法，则系统默认密码提示字符是“*”。

【示例A11_05】设计一个窗口，窗口的标题是“文本框实例”，窗口中包含1个可编辑的文本框，1个不可编辑的文本框，其内容是“enedit”，1个不可用的文本框，其内容是“enable”，1个密码框，密码的提示字符为“#”，1个可编辑的多行文本框。代码如下：

```
01  package com;
02  import java.awt.FlowLayout;
03  import javax.Swing.BorderFactory;
04  import javax.Swing.JFrame;
05  import javax.Swinig.JPasswordField;
06  import javax.Swing.JTextArea;
07  import javax.Swing.JtextField;
08  public classA11_05 {
09     public static void main(String[] args) {
10         JFrame jf = new JFrame("文本框实例");  //创建标题为"文本框实例"的窗口
```

```
11          jf.setLayout(new FlowLayout());  //设置窗口的布局为 FlowLayout
12          JTextField jtxt = new JTextField(10);  //创建一个文本框 jtxt
13          JTextField jtxt_enedit = new JTextField(10);
14  //创建一个文本框 jtxt_enedit
15          JTextField jtxt_enenable = new JPasswordField(10);
16  //创建一个文本框 jtxt_enenable
17          JPasswordField jpw = new JPasswordField(10);  //创建一个文本框 jpw
18          JTextArea jta = new JTextArea(3,10);
19  //创建一个 3 行 10 列的多行文本框
20          jtxt_enedit.setText("enedit");
21  //设置 jtxt_enedit 文本框初始文本"enedit"
21          jtxt_enenable.setText("enable");
22  //设置 jtxt_enenable 文本框初始文本"enable"
23          jtxt_enedit.setEditable(false);  //设置 jtxt_enedit 为不可编译
24          jtxt_enenable.setEnabled(false);  //设置 jtxt_enenable 为不可用
25          jpw.setEchoChar('#');  //设置 jpw 密码框的显示文本为#
26          jta.setBorder(BorderFactory.createLoweredBevelBorder());
27  //设置 jta 边框样式
28          jta.setLineWrap(true);  //设置 jta 自动换行
29          jf.add(jtxt);  //向 jf 中添加 jtxt
30          jf.add(jtxt_enedit);  //向 jt 中添加 jtxt
31          jf.add(jtxt_enenable):  //向 jf 中添加 jtxt
32          jf.add(jpw);  //向 jf 中添加 jtxt
33          jf.add(jta);  //向 jt 中添加 jta
34          jf.pack();  //设置 jf 的显示方式为紧凑显示
35          jf.setDefaultCloseOperation(JFrame.EXIT_ON_CLOSE);
36  //设置 jf 的关闭方式
37          jf.setVisible(true);  //设置 jf 窗口的可见性
38      }
39  }
```

【运行结果】

【程序分析】

文本框的 enedit 属性和 enable 属性的区别如下：如果 enedit 属性设置为 false，文本框的内容是不可编辑的，但是文本框里的内容还是可以复制的，如果 enable 属性设置为 false，那么文本框里的内容是不可以被复制的。

jta.setLineWrap(true):这条语句设置多行文本框的内容的自动换行的，默认多行文本框的内容是不自动换行的。

JTextArea 与 JTextField 用法基本一致，在这里就不单独讲解了。

（五）JList（列表）

列表 JList 是显示对象列表并且允许用户选择一个或多个项的组件，它支持三种选取模式：单选取、单间隔选取和多间隔选取。JList 不实现直接滚动，若需要滚动显示，可以结合了 JScrollPane 实现滚动效果。JList 类把维护和绘制列表的工作委托给一个对象来完成。一个列表的模型维护一个对象列表，列表单元绘制器将这些对象绘制在列表单元中。JList（列表）的常用构造方法见表 11-9，常用方法见表 11-10。

表 11-9　JList 构造方法

访问权限	参　数
public	JList()，构造一个使用空模型的 JList
public	JList(ListModel dataModel)，构造一个 JList，使其使用指定的非 null 模型显示元素
public	JList(Object[ ]listData)，构造一个 JList，使其显示指定数组中的元素
public	JList(Vector < ? > listData)，构造一个 JList，使其显示指定 Vector 中的元素

表 11-10　JList 常用方法

返回值及权限	定　义	功　能
public void	addListSelectionListener (ListSelectionListener listener)	为每次选择发生更改时要通知的列表添加侦听器
public int	getSelectedIndex()	返回所选的第一个索引；如果没有选择项，则返回 -1
public String	getSlectedValue()	返回所选的第一值，如果选择为空，则返回 null
public boolean	isSelectionEmpty()	如果什么也没有选择，则返回 true
public void	setListData(Object[ ]listData)	根据一个 object 数组构造 ListModel，然后对其应用 setModel
public void	setListData(Vector < ? > listData)	根据 Vector 构造 ListModel，然后对其应用 setModel
public void	setSelectedIndex(int index)	选择单个单元
public void	setSelectionMode(int selectionMode)	确定允许单项选择还是多项选择

【示例 A11_06】设计一个窗口，窗口标题为“列表实例”，窗口包含 1 个列表，列表内容是“第一行、第二行、……、第六行”。代码如下：

```
01  package.com;
02  import javax.String.BorderFactory;
03  import javax.Swing.JFrame;
```

```
04  Swing. JList;
05  import javax. Swing. border. Border;
06  public class A11_06 {
07      public static void main(String[] args) {
08          JFrame frame = new JFrame("列表实例");   //创建标题为"列表实例"的窗口
09          String[] bruteForceCode = {"第一行","第二行","第三行","第四行",
10                                  "第五行","第六行"};  //列表中显示的字符
11            //创建一个列表,并将列表中要显示的字符口中添加的列表中
12          JList list = new JList(bruteForceCode);
13          Border etch = BorderFactory. createEtchedBorder();  //创建边框
14            //设置列表的边框样式
15          list. setBorder(BorderFactory. createTitledBorder(etch,"列表内容"));
16          list. setSelectedIndex(2);  //将列表的第三项选中,列表元素是由 0 开始的
17          frame. add(list);  //将列表添加到窗口中
18          frame. setDefaultCloseOperation(JFrame. EXIT_ON_CLOSE);  //设置关闭方式
19          frame. pack();  //设置窗口中控件以紧凑方式显示
20          frame. setVisible(true);  //设置窗口的可见性
21      }
22  }
```

【运行结果】

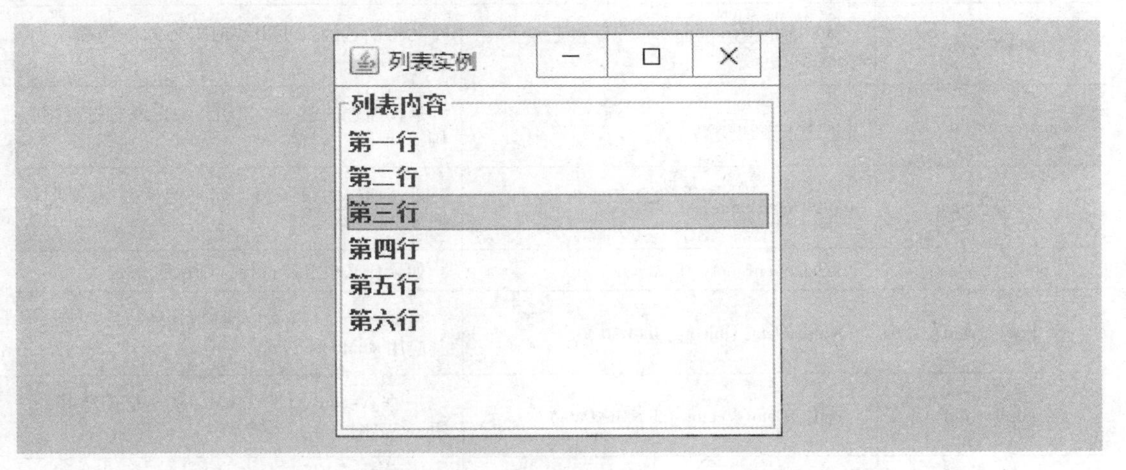

JComboBox 组件和 JList 组件很相似，因为这两个组件都显示一个项列表。因此，它们都有拓展 ListModel 接口的模型。而且这两个组件都有绘制器，这些绘制器通过实现 ListCellBenderer 接口来绘制列表单元。但是列表和组合框在应用方面还是有差别的。列表单是不可编辑的，但是组合框可以配备一个编辑器。JComboBox 组件把编辑工作交给实现 ComboBoxEdit 接口的一个对象来处理。

列表支持三个选取模式，并把选取工作当作实现 ListSelectionModel 接口的一个对象来处理。组合框在一个时刻只有一个可选取的项，而且选取工作由组合框模型来处理。另外，组合框支持键选取，即在某项上可以进行按键选取，但列表不能这样做。

JComboBox 的常用构造方法见表 11-11，JComboBox 常用的方法与 JList 相似，这里就不再重复列举了。

表 11-11　JComboBox 构造方法

访问权限	参　　数
public	JComboBox()，创建具有默认数据模型的 JComboBox
public	JComboBox(ComboBoxModel aModel) 创建一个 JComboBox，其项取自现有的 ComboBoxModel
public	JComboBox(Object[ ]items)，创建一个包含指定数组中的元素的 JComboBox
public	JComboBox(Vector <?> items)，创建包含指定 Vector 中元素的 JComboBox

【示例 A11_07】设计一个窗口，窗口标题为“下拉列表实例”，窗口包含了一个列表，列表的内容是“狗，猫，鱼，鸟，虫”。代码如下：

```
01  package com;
02  import javax.swing JComboBox;
03  import javax.swing JFrame;
04  public class A11_07 {
05     public static void main(String[ ] args) {
06         JFrame frame = new JFrame("下拉列表实例");
07  //创建"下拉列表实例"窗口
08         String[ ] str = {"狗","猫","鱼","虫"};  //列表中显示的字符串
09           //创建一个下拉列表,并将列表中要显示的字符串添加到列表中
10         JComboBox jcb = new JComboBox(str);
11           //将新字符添加到下列列表的第四个位置,下拉列表元素是由 0 开始
12         jcb.insertItemAt("鸟",3);
13         jcb.setSelectedIndex(2);
14  //将下拉列表的第三项选中,下拉列表元素从 0 开始
15         frame.add(jcb);  //将下拉列表添加到窗口中
16         frame.setDefaultCloseOperation(JFrame.EXIT_ON_CLOSE);  //设置关闭方式
17         frame.pack();  //设置窗口中控件以紧凑方式显示
18         frame.setVisible(true);  //设置窗口的可见性
19     }
20  }
```

【运行结果】

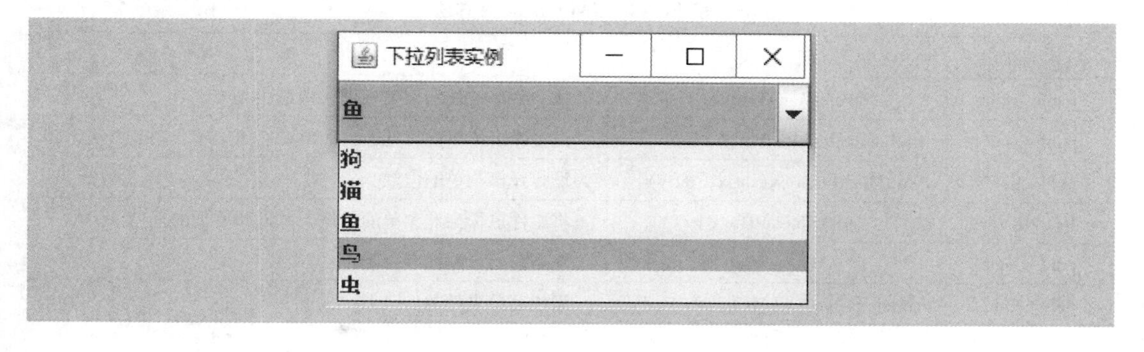

(六) JMenu (菜单)

菜单允许用户选择多个项目中的一个。在一个窗口中，经常需要给它添加菜单条。在Java 中这一部分是由三个类实现的，它们是 JMenuBar、JMenu 和 JMenuItem，分别对应菜单条、菜单和菜单项。

1. 菜单条 (JMenuBar)

JMenuBar 的构造方法是 JMenuBar( )。在构造之后，还要将它设置成窗口的菜单条，这里要用 setJMenuBar 方法：

```
JMenuBar TestJMenuBar = new JMenuBar ( );
TestFrame. setMenuBar(TestJMenuBar);
```

JMenuBar 类根据 JMenu 添加的顺序从左到右显示，并建立整数索引。

JMenuBar 的常用方法见表 11-12。

表 11-12 JMenuBar 常用方法

返回值权限	定 义	功 能
public Component	add(JMenu c)	将指定的菜单添加到菜单栏的末尾
public Menu	getMenu(int index)	获取菜单栏中的指定位置的菜单
public int	getMenuCount( )	获取菜单栏上的菜单数

2. 菜单 (JMenu)

在添加完菜单条后并不会显示任何菜单，还需要在菜单条中添加菜单。菜单 JMenu 类的构造方法见表 11-13。

表 11-13 JMenu 构造方法

访问权限	参 数
public	JMenu( ) 构造一个空菜单
public	JMenu(Action a) 构造一个菜单，菜单属性由相应的动作来提供
public	JMenu(String s) 用给定的标志构造一个菜单
public	JMenu(String s, Boolean b) 用给定的标志构造一个菜单。如果布尔值为 false，释放鼠标按键后，菜单项会消失；如果布尔值 true，释放鼠标按键后，菜单项仍将显示。这时的菜单称为 tearOff 菜单。构造完后使用 JMenuBar 类的 add 方法添加到菜单条中

JMenu 的常用方法见表 11-14。

表 11-14 JMenu 常用方法

返回值权限	定 义	功 能
public void	isPopuMenuVisible( )	如果菜单的弹出菜单可见，则返回 true
public void	setPopupMenuVisible(boolean b)	设置弹出菜单的可见性。如果未启用菜单，则此方法无效
public void	setMenuLocation(int x, int y)	设置弹出菜单的位置
public JMenuIeam	add(JMenuItem c)	将组件追加到此菜单的末尾，并返回添加的控件
public void	addSeparator( )	在当前的位置插入分隔符
public void	addMenuListener(MenuListener l)	添加菜单事件的侦听器

3. 菜单项（JmenuItem）

接下来向菜单中添加内容。菜单中可以添加不同的内容，可以是菜单项（JMenu-Item），可以是一个子菜单，也可以是分隔符。子菜单的添加是直接将一个子菜单添加到母菜单中，而分隔符的添加只需要将分隔符作为菜单项添加到菜单中。

【示例 A11_08】创建一个名为“记事本”的窗体程序，利用 JMenuBar、JMenu 和 JMenuItem 将其呈现的效果图如下：

```
01  import java.awt.event.KeyEvent;
02  import javax.swing.JFrame;
03  import javax.swing.JMenu;
04  import javax.swing.JMenuBar;
05  import javax.swing.JMenuItem;
06  public class A11_08 {
07     public static void main(String[] args) {
08          JFrame jf = new JFrame("记事本");  //声明一个标题为记事本的窗体
09          JMenuBar jmb = new JMenuBar();  //创建菜单栏
10            //创建一级菜单
11          JMenu file = new JMenu("文件(F)");
12          JMenu edit = new JMenu("编辑(E)");  //定义菜单
13          JMenu format = new JMenu("格式(O)");  //定义菜单
14          JMenu check = new JMenu("查看(V)");  //定义菜单
15          JMenu help = new JMenu("帮助(H)");  //定义菜单
16          jf.setJMenuBar(jmb);  //把菜单栏设置到窗口
17             //一级菜单添加到菜单栏
18          jmb.add(file);  //把文件添加到菜单栏中
19          jmb.add(edit);  //把编辑添加到菜单栏中
20          jmb.add(format);  //把格式添加到菜单栏中
21          jmb.add(check);  //把查看添加到菜单栏中
22          jmb.add(help);  //把帮助添加到菜单栏中
23             //创建“文件”一级菜单的子菜单
24          JMenuItem newMenuItem = new JMenuItem("新建(N)");
25          JMenuItem openMenuItem = new JMenuItem("打开(O)");
26          JMenuItem saveMenuItem = new JMenuItem("保存(S)");
27          JMenuItem saveAsMenuItem = new JMenuItem("另存为(A)");
28          JMenuItem pageSetMenuItem = new JMenuItem("页面设置(U)");
29          JMenuItem printMenuItem = new JMenuItem("打印(P)");
30          JMenuItem exitMenuItem = new JMenuItem("退出");
31             //子菜单添加到一级菜单
32          file.add(newMenuItem);
33          file.add(openMenuItem);
34          file.add(saveMenuItem);
35          file.add(saveAsMenuItem);
```

```
36          file.add(pageSetMenuItem);
37          file.add(printMenuItem);
38            //为子菜单添加快捷方式
39          newMenuItem.setMnemonic(KeyEvent.VK_N);   //为新建添加快捷方式“N”
40          openMenuItem.setMnemonic(KeyEvent.VK_O);   //为打开添加快捷方式“O”
41          saveMenuItem.setMnemonic(KeyEvent.VK_S);   //为保存添加快捷方式“S”
42          file.addSetparator();  //添加一条分割线
43          file.add(exitMenuItem);
44            //创建“编辑”一级菜单的子菜单
45          JMenuItem copyMenuItem = new JMenuItem("复制(C)");
46          JMenuItem pasteMenuItem = new JMenuItem("粘贴(V)");
47            //为子菜单添加快捷方式
48          copyMenuItem.setMnemonic(KeyEvent.VK_C);   //为新建添加快捷方式“C”
49          pasteMenuItem.setMnemonic(KeyEvent.VK_V);   //为打开添加快捷方式“V”
50            //子菜单添加到一级菜单
51          edit.add(copyMenuItem);
52          edit.add(pasteMenuItem);
53            //设置界面属性
54          jf.setSize(600,600);  //设置界面像素
55          jf.setLocation(500,500)  //设置界面初始位置
56          jf.setDefaultCloseOperation(JFrame.EXIT_ON_CLOSE);
57            //设置虚拟机和界面一同关闭
58          jf.setVisible(true);  //设置界面可视化
59      }
60  }
```

【运行结果 1】

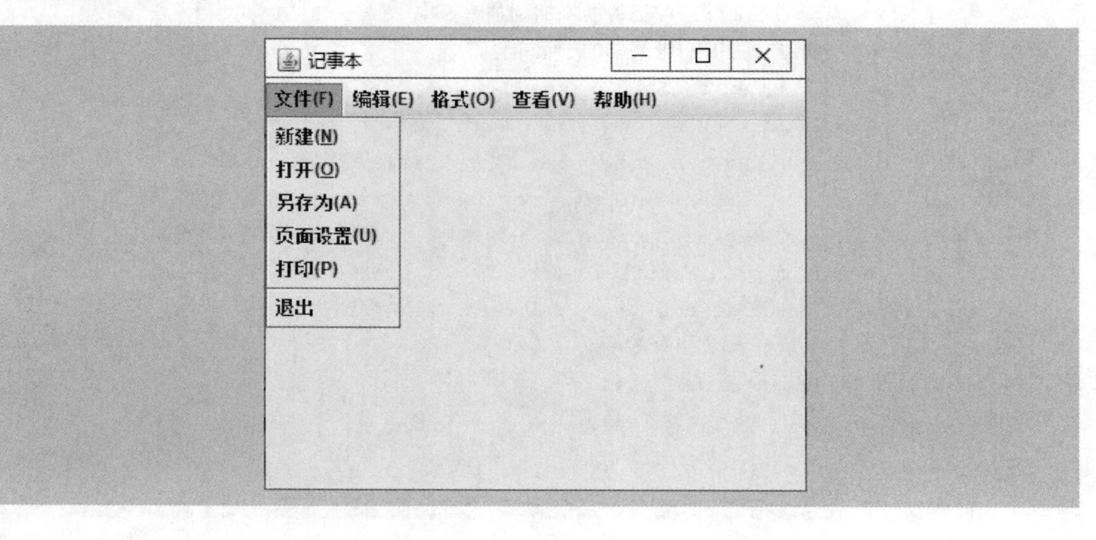

【运行结果2】

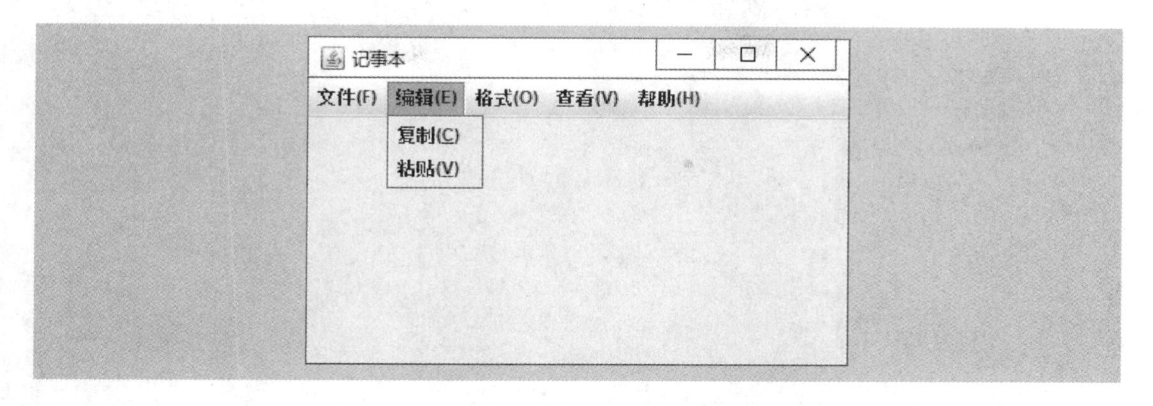

第二节 布局管理器

一、流式布局

在流式布局（FlowLayout）中，组件按照加入的先后顺序和设置的对齐方式从左向右排列，当到达容器的边界时，组件将放置在下一行中继续排列。就好像平时在一张纸上写字一样，一行写满就换下一行。行高是由一行中的控件高度决定的，FlowLayout 可以以左对齐，居中对齐和以右对齐的方式排列组件。FlowLayout 类的操作方法如下：

（1）FlowLayout( )。该方法可以构造一个新的 FlowLayout，它是居中对齐的，默认的水平和垂直间隙是 5 个单位。

（2）FlowLayout(int align)。该方法可以构造一个新 FlowLayout，它具有指定的对齐方式，默认的水平和垂直间隙是 5 个像素和 5 个参数值，其含义如下：

1）0 或 FlowLayout. lEFT：控件左对齐。

2）1 或 FlowLayout. CENTER：居中对齐。

3）2 或 FlowLayout. RIGHT：右对齐。

4）3 或 FlowLayout. LEADING：控件与容器方向开始边对应。

5）4 或 FlowLayout. TRAILING：控件与容器方向结束边对应。

6）如果是 0、1、2、3、4 外的整数，则为左对齐。

（3）FlowLayout(int align、int hgap、int vgap)。该方法可以创建一个新的流布局管理器，它具有指定的对齐方式及指定的水平和垂直间隙。

（4）Void setAlignment(int align)。该方法可以设置此布局的对齐方式。

（5）setHgap(int hgap)。该方法可以设置组件之间以及组件与 Container 的边之间的水平间隙。

（6）setVgap(int vgap)。该方法可以设置组件之间以及组件与 Container 的边之间的垂直间隙。

【示例 A11_09】创建一个名为“流式布局示例”的窗体程序，并利用 FlowLayout 类和 JButton 类等创建窗体程序。代码如下：

```
01  import java.awt.FlowLayout;
02  import javax.swing.JButton;
03  import javax.swing.JFrame;
04  public class A11_09 {
05     public static void main(String[] args) {
06          JFrame jf = new JFrame("流式布局示例");
07            //创建组件
08              JButton jb1 = new JButton("张三");
09              JButton jb2 = new JButton("李四");
10              JButton jb3 = new JButton("王五");
11              JButton jb4 = new JButton("马建");
12              JButton jb5 = new JButton("刘洋");
13              JButton jb6 = new JButton("蔡恩");
14  //添加组件
15              jf.add(jb1);  //流式布局是流动的,所以可以直接添加
16              jf.add(jb2);
17              jf.add(jb3);
18              jf.add(jb4);
19              jf.add(jb5);
20              jf.add(jb6);
21                //设置布局管理器
22              jf.setLayout(new FlowLayout());
23  //如果你不设置的话,JFrame 默认的是 BorderLayout 边界布局管理器
24                 //设置窗体
25              jf.setSize(200,200);  //设置窗体大小
26              jf.setLocation(200,200);  //设置窗体初始位置
27              jf.setDefaultCloseOperation(JFrame.EXIT_ON_CLOSE);
28  //设置关闭窗体后虚拟机一同关闭
29              jf.setVisible(true);  //设置可以显示
30              }
31  }
```

【运行结果】

> 当容器大小发生变化时，用 FlowLayout 管理的组件会发生变化。其变化规律是：组件的大小不变，但相对位置会发生变化。

二、边界布局

边界布局（BorderLayout）是布置容器的边框布局，它可以对容器组件进行安排并调整其大小，使其符合下列五个区域：北、南、东、西和中。每个区域最多只能包含一个组件，并通过相应的常量进行标识：NORTH、SOUTH、EAST、WEST 和 CENTER。当使用边框布局将一个组件添加到容器中时，要使用这一个常量之一。BorderLayout 类的操作方法如下：

（1）BorderLayout( )。该方法可以构造一个组件之间没有间距（默认间距为 0 像素）的新边框布局。

（2）BorderLayout(int hgap、int vgap)。该方法可以构造一个具有指定组件（hgap 为横向间距，vgap 为纵向间距）间距的边框布局。

（3）getHgap( )。该方法可以返回组件之间的水平间距。

（4）getVgap( )。该方法可以返回组件之间的垂直间距。

（5）removeLayoutComponent(Component comp)。该方法可以从此边框布局中移除指定组件。

（6）setHgap(int hgap)。该方法可以设置组件之间的水平间距。

（7）setVgap(int vgap)。该方法可以设置组件之间的垂直间距。

【示例 A11_10】创建一个名为“流式布局示例”的窗体程序，并利用 FlowLayout 类和 JButton 类等创建窗体。代码如下：

```
01  import java.awt.BorderLayout;
02  import javax.swing.JButton;
03  import javax.swing.JFrame;
04  public class A11_10 {
05     public static void main(String[] args) {
06         JFrame jf = new JFrame("边界布局示例");
07         jf.setLayout(new Borderlayout());  //设置布局
08         jf.setVisible(true);  //设置 dialog 显示
09         JButton but1 = new JButton("南");
10         JButton but2 = new JButton("北");
11         JButton but3 = new JButton("中");
12         JButton but4 = new JButton("西");
13         JButton but5 = new JButton("东");
14         jf.add(but1,BorderLayout.SOUTH);  //南边
15         jf.add(but2,BorderLayout.NORTH);  //北边
```

```
16          jf.add(but3,BorderLayout.CENTER);  //中间
17          jf.add(but4,BorderLayout.WEST);  //西边
18          jf.add(but5,BorderLayout.EAST);  //东边
19          jf.setSize(200,200);  //设置窗体大小
20          jf.setLocation(200,200);  //设置窗体初始位置
21          jf.setDefaultCloseOperation(JFrame.EXIT_ON_CLOSE);
22  //设置关闭窗体后虚拟机一同关闭
23          jf.setVisible(true);  //设置可以显示
24      }
25
26  }
```

【运行结果】

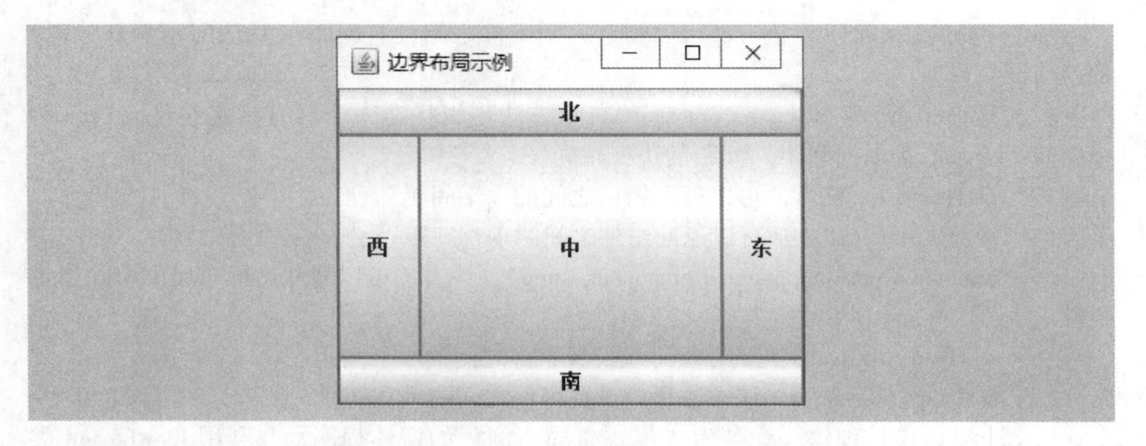

假设想要复杂的布局能够在东、西、南、北和中间位置加入中间容器，中间容器需要再进行布局，并加入对应的组件。

> 如果一个区域加入的控件达到多个，则只能显示区域的最后加入的一个对象。如果容器中需要加入超过5个控件，就必须用容器的嵌套中，或改用其他的布局策略。

三、网格布局

网格布局（GridLayout）是一个布局处理器，它以矩形网格形式对容器的组件进行布置。GridLayout布局将容器分割成多行多列，组件被填充到每个网格中，添加到容器中的组件首先放置在左上角的网格中，然后从左到右放置其他的组件，当占满该行的所有网格后，接着继续在下一行从左到右放置组件。GridLayout类的操作方法如下：

（1）GridLayout()。该方法可以创建具有默认的网格布局，即每个组件占据一行一列。

（2）GridLayout(int rows、int cols)。该方法可以创建具有指定行数和列数的网格布

局。rows 为行数，cols 为列数。

（3）GridLayout(int rows、int cols、int hgap、int vgap)。该方法可以创建具有指定行数、列数及组件水平、纵向一定间距的网格布局。

（4）etColumns()。该方法可以获取此布局中的列数。

（5）getHgap()。该方法可以获取组件之间的水平间距。

（6）getRows()。该方法可以获取此布局中的行数。

（7）getVgap()。该方法可以获取组件之间的垂直间距。

（8）removeLayoutComponent(Component comp)。该方法可以从布局移除指定组件。

（9）setColumns(int cols)。该方法可以将此布局中的列数设置为指定值。

（10）setHgap(int hgap)。该方法可以将组件之间的水平间距设置为指定值。

（11）setRows(int rows)。该方法可以将此布局中的行数设置为指定值。

（12）setVgap(int vgap)。该方法可以将组件之间的垂直间距设置为指定值。

（13）toString()。该方法可以返回此网格布局的值的字符串表示形式。

【示例 A11_11】编写一个 GridLayout 布局管理器的窗体。

```
01  import java.awt.*;
02  import javax.swing.*;
03
04  class GridLayoutFrame extends JFrame {
05    JButton btnx[] = new JButton[16];
06    int i;
07    public GridLayoutFrame(String str){
08      super(str);
09  //设置窗体显示坐标和大小
10      this.setBounds(100,100,300,200);
11  //设置窗体布局
12      this.getContentPane().setLayout(new GridLayout(4,4));
13  //循环添加按钮
14      for(i=0;i<16;i++){
15        btnx[i] = new JButton(Integer.toString(i));
16        add(btnx[i]);
17      }
18      this.setVisible(true);
19      this.setDefaultCloseOperation(JFrame.EXIT_ON_CLOSE);
20    }
21  }
22  public class GridLayoutDemo{
23    public static void main(String[]args){
24      new GridLayoutFrame("GridLayout 布局管理器示例");
25    }
26  }
```

【运行结果】

四、其他类布局

（一）卡片布局

卡片布局（CardLayout）能够让多个组件共享同一个显示空间，共享空间的组件之间的关系就像一叠牌，组件叠在一起。它将容器中的每个组件看做一张卡片，一次只能看到一张卡片，容器则充当卡片的堆栈。当容器第一次显示时，第一个添加到 CardLayout 对象的组件为可见组件。卡片的顺序由组件对象本身在容器内部的顺序决定。

CardLayout 定义了一组方法，这些方法允许应用程序按顺序地浏览这些卡片，或者显示指定的卡片。CardLayout 类的操作方法如下：

（1）CardLayout( )。该方法可以创建一个间距大小为 0 的新卡片布局。

（2）CardLayout(int hgap、int vgap)。该方法可以创建一个具有指定水平间距和垂直间距的新卡片布局。

（3）first(Container parent)。该方法可以翻转到容器的第一张卡片。

（4）last(Container parent)。该方法可以翻转到容器的最后一张卡片。

（5）next(Container parent)。该方法可以翻转到容器的下一张卡片。

（6）previous(Container parent)。该方法可以翻转到指定容器的前一张卡片。

（7）show(Container parent、String name)。该方法可以翻转到使 addLayoutComponent 添加到此布局的具有指定 name 组件。

（8）toString( )。该方法可以返回此卡片布局状态的字符串表示形式。

【示例 A11_12】创建一个名为“卡片布局示例”的窗体程序，利用 CardLayout 和 JButton 创建可以切换标题的卡片布局，并将按钮添加到布局中。代码如下：

```
01  import java.awt.BorderLayout;
02  import java.awt.CardLayout;
03  import java.awt.Container;
04  import java.awt.Panel;
05  import java.event.ActionEvent;
06  import java.awt.event.ActionListener;
07  import javax.swing.JButton;
```

```
08 import javax.swing.JFrame;
09 public class A11_12 extends JFrame implements ActionListener {
10    JButton nextbutton;
11    JButton preButton;
12    Panel cardPanel = new Panel();
13    Panel controlpaPanel = new Panel();
14      //定义卡片布局对象
15    CardLayout card = new CardLayout();
16      //定义构造函数
17    public A11_12() {
18          super("卡片布局管理器");
19          setSize(400,200);
20          setDefaultCloseOperation(JFrame.EXIT_ON_CLOSE);
21          setLocationRelativeTo(null);
22          setVisible(true);
23 //设置 cardPanel 面板对象为卡片布局
24          cardPanel.setLayout(card);
25 //循环,在 cardPanel 面板对象中添加 5 个按钮
26 //因为 cardPanel 面板对象为卡片布局,因此只显示最先添加的组件
27          for (int i = 0; i < 5; i ++) { cardPanel.add(new JButton("按钮" + i));
28          }
29 //实例化按钮对象
30          nextbutton = new JButton("下一张卡片");
31          preButton = new JButton("上一张卡片");
32 //为按钮对象注册监听器
33          nextbutton.addActionListener(this);
34          preButton.addActionListener(this);
35          controlpaPanel.add(preButton);
36          controlpaPanel.add(nextbutton);
37 //定义容器对象为当前窗体容器对象
38          Container container = getContentPane();
39 //将 cardPanel 面板放置在容器边界布局的中间,容器默认为边界布局
40          container.add(cardPanel,BorderLayout.CENTER);
41 //将 controlpaPanel 面板放置在窗口边界布局的南边
42          container.add(controlpaPanel,BorderLayout.SOUTH);
43    }
44      //实现按钮的监听触发时的处理
45    public void actionPerformed(ActionEvent e) {
46 //如果用户单击 nextbutton,执行的语句
47          if (e.getSource() = =nextbutton){
48 //切换 cardPanel 面板中当前组件之后的一个组件,若当前组件为
49 //最后添加的组件,则显示第一个组件,即卡片组件显示是循环的
```

```
50                  card.next(cardPanel);
51              }
52              if (e.getSource() = =preButton) {
53  //切换 cardPanel 面板中当前组件之前的一个组件,若当前组件为
54              第一个添加的组件,则显示最后一个组件,即卡片组件显示是循环的
55                  card.previous(cardPanel);
56              }
57      }
58      public static void main(String[] args) {
59      A11_12 card = new A11_12();
60      }
61  }
```

【运行结果 1】

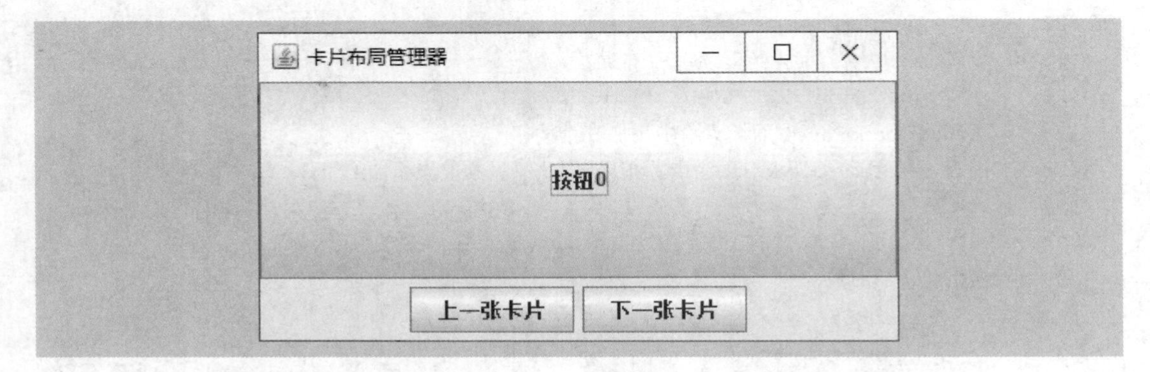

单击程序中的“上一张卡片”或“下一张卡片”，会显示另一张卡片的效果。

【运行结果 2】

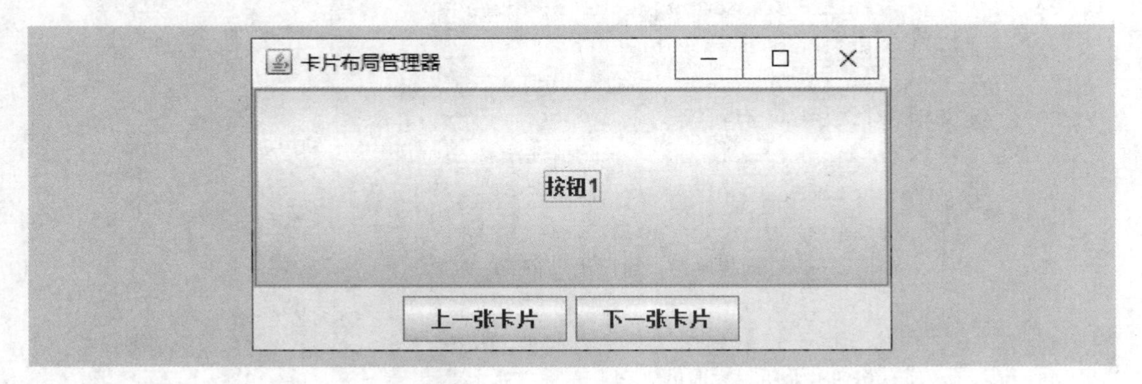

(二) 空布局

一般容器都默认布局方式，但有时需要精确指定各个组建的大小和位置，就需要用到空布局。首先利用 setLayout(null) 语句将容器的布局设置为 null 布局，调用组件的 setBounds(int x, int y、int width、int height) 方法设置组件在容器中的大小和位置，单位均为像素。x 为控件左边缘离窗体左边缘的距离，y 为控件上边缘离窗体上边缘的距离，

width 为控件宽度，height 为控件高度。

【示例 A11_13】创建一个名为“空布局示例”的窗体程序，利用 JButton 创建带有两个按钮的空布局，并将按钮添加到布局中。代码如下：

```
01 import javax.swing.* ;
02 public class A11_13 {
03   JButton botton1,botton2;
04   A11_13 (JFrame jf) {
05     jf.setBounds(100,100,250,150);
06 //设置窗体为空布局
07     jf.setLayout(null);
08     botton1 = new JButton("按钮 1");
09     botton2 = new JButton("按钮 2");
10     jf.getContentPane().add(botton1);  //设置按钮 botton1 的精确位置
11     botton1.setBounds(30,30,80,25);
12     jf.getContentPane().add(botton2);
13     botton2.setBounds(150,30,80,25);
14     jf.setTitle("空布局");
15     jf.setVisible(true);
16     jf.setDefaultCloseOperation(JFrame.EXIT_ON_CLOSE);
17     jf.setLocationRelativeTo(null);  //让窗体居中显示
18   }
19   public static void main(String args[]) {
20     new A11_13(new JFrame());
21   }
22 }
```

【运行结果】

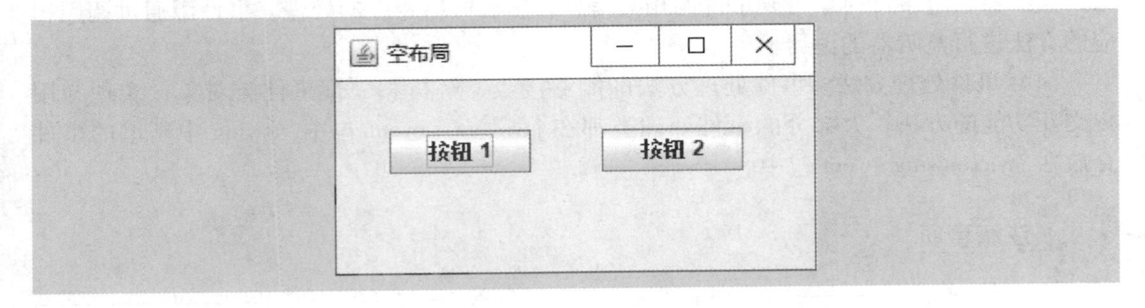

第三节　事 件 处 理

事件处理机制是一种处理事件的方式和方法。传统的顺序程序设计总是按照流程来安排所做的工作，而事件处理机制的特点在于只有某个事件发生了，才进行相应的处理。事件处理机制的好处是在没有事件的时候可以不做任何动作，从而释放各种资源用于其他需要的程序。事件执行程序如图 11-5 所示。

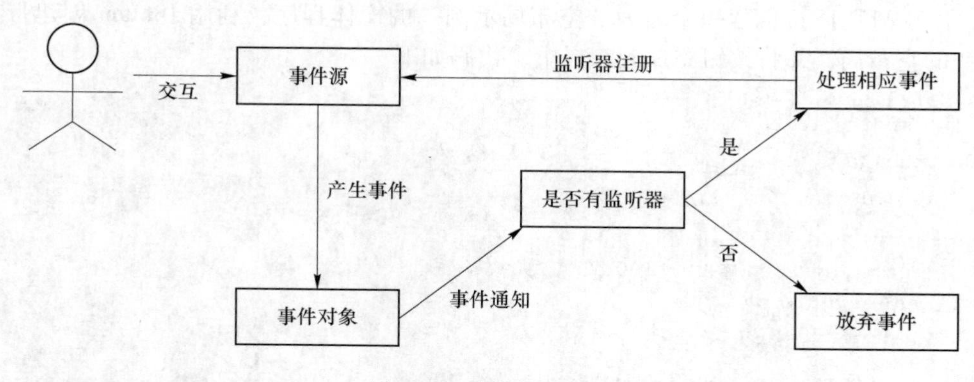

图 11-5 事件执行流程

首先理解几个事件处理机制的基本概念：

（1）事件源。事件源是事件的起源，可以称作事件触发源。事件源不需要实现或继承任何接口或类，它是事件最初始发生的地方。例如，键盘、鼠标等，当有事件时就会触发事件监听器。

（2）事件。事件通常指因为用户的界面操作而引起的组件状态或数据的改变。java. awt. event 包中含有所有事件。

常见的事件有以下 4 种：

1）ActionEvent。ActionEvent 为激活组件时发生的事件。

2）KeyEvent。KeyEvent 为操作键盘时发生的事件。

3）MouseEvent。MouseEvent 为操作鼠标时发生的事件。

4）WindowEvent。WindowEvent 为操作窗口时发生的事件，如最大化或最小化某一窗口。

（3）事件监听器。要想知道事件源什么时候发生事件，就必须有一个监听器随时对事件源进行监听。当事件源发生事件时，就会向监听器传送一个封装了事件信息的事件对象，监听器通过事件对象得到事件的相关信息，然后做出相应的处理。事件源通过调用相应的方法进行监听器的注册。

（4）事件处理方法。事件处理方法即能够接收、解析和处理事件类对象，实现与用户交互功能的方法。大部分的事件处理类都在 java. awt. event 包中，swing 中新增的事件存放在 javax. swing. event 包中。

> 一个组件必须先注册监听器后，才可以由该监听器监听和处理组件上所发生的事件。每个组件都有 add×××Listener（×××Listener listener）方法用于注册监听器、remove××× Listener（×××Listener listener）方法用于移除监听器。

另外，一个事件源可以产生多种不同类型的事件，因此也可以注册多个不同类型的监听器。

一、窗口事件处理

创建一个新的窗体，在窗体中加入一个“改变窗体标题”按钮，单击按钮则窗口标题发生改变。代码如下：

```
01 import java.awt.*;
02 import javax.swing.*;
03 import java.awt.event.*;
04 // ChangeTitleFrame 类继承 JFrame 并实现 ActionListener 监听器接口
05 class ChangeTitleFrame extends JFrame implements ActionListener{
06   private JButton btn;
07   public ChangeTitleFrame(String str){
08     super(str);
09     this.setBounds(100,100,300,300);
10     this.setLayout(new FlowLayout());
11     btn=new JButton("改变窗体标题");
12     this.add(btn);
13
14 //为按钮注册监听器
15     btn.addActionListener(this);
16
17     this.setVisible(true);
18   }
19 //实现按 actionPerformed 方法
20   public void actionPerformed(ActionEvent e){
21     if(e.getSource()==btn)
22          this.setTitle("标题改变");
23   }
24 }
25 public class ChangeTitleFrameDemo{
26   public static void main(String args[]){
27     ChangeTitleFrame frame=new ChangeTitleFrame ("监听示例窗体");
28   }
29 }
```

【运行结果】

二、键盘事件处理

本事件采用适配器实现事件监听及处理方法，这是事件处理的另一种方法。

【示例 A11_14】键盘事件实例。代码如下：

```
01 package com;
02 import java.awt.Color;
03 import java.awt.FlowLayout;
04 import java.awt event.KeyAdapter;
05 import java.awt.event.KeyEvent;
06 import javax.Swing.JFrame;
07 import javax.Swing.JLabel;
08 public class KeyListenerTest extends KeyAdapter{
09    JLabel jlb1 = new JLabel();
10    JLabel jlb2 = new JLabel();
11    JLabel jlb3 = new JLabe();
12    public void keyPressed(KeyEvent e) {
13       jlb1.setText(e.getKeyChar() +"键被按下");
14    }
15    public void keyReleased(KeyEvent e) {
16       jlb2.setText(e.getKeyChar() +"键被松开");
17    }
18    public void keyTyped(KeyEvent e){
19       jlb3.setText(e.getKeyChar() +"键被输入");
20    }
21    public void init(){
22       JFrame jf = new JFrame("适配器实例");  //创建"适配器实例"的窗口
23       jf.addKeyListener(this);  //添加键盘的事件监听
24       jf.setLayout(new FlowLayout());  //设置窗口的布局为 FLowLayout
25       jf.add(jlb1);  //将 jlb1 添加到窗口中
26       jf.add(jlb2);  //将 jlb2 添加到窗口中
27       jf.add(jlb3);  //将 jlb3 添加到窗口中
28       jf.setSize(200,100);  //设置窗口的大小
29       jf.setVisible(true);  //设置窗口的可见性
30       jf.setDefaultCloseOperation(JFrame.EXIT_ON_CLOSE);  //设置窗口关闭方式
31    }
32    public static void main(String[] args){
33       new KeyListenerTest().init();
34    }
35 }
```

【运行结果】

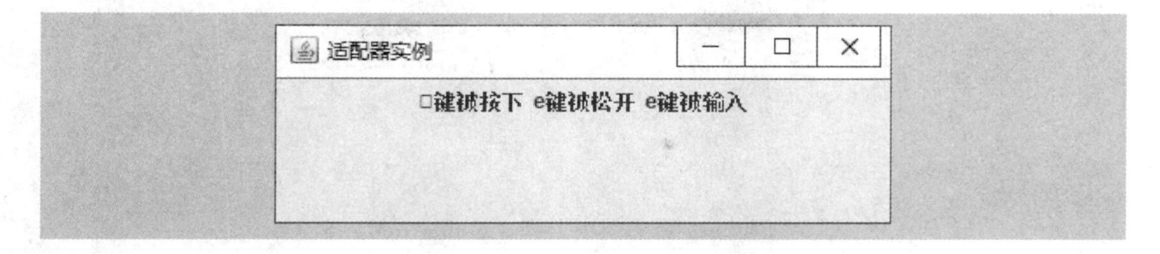

【程序分析】

适配器与事件监听接口的区别：事件监听接口是 Java 的接口，如果使用事件监听接口实现 Java 的事件响应，则程序必须实现接口中所有的抽象方法，如【示例 A11_14】中，用户使用事件监听实现窗体事件，就必须实现这个接口中所有的抽象方法。但实际开发中用户实现接口实现窗体事件，就必须实现这个接口中所有的抽象方法。但实际开发中用户只想实现接口中的某一事件，例如，窗口关闭事件，如果用户想使用监听器完成此功能，则必须实现接口中所有的抽象方法，这时利用事件监听接口实现事件处理的方法就显得烦琐。

适配器实现了相应的接口，在程序使用过程中需覆盖相应的方法，不用对接口的抽象方法进行实现。但是适配器是一个实体类，Java 中只支持单继承，也就是说如果程序使用适配器实现事件处理功能，则不能继承其他类，所以，读者需自己权衡使用哪种方法实现窗体的事件监听。

三、鼠标事件处理

鼠标事件最常用的是捕获其发生的坐标，例如，鼠标被按下时的坐标，通常通过 MouseEvent 类中的 getX( ) 和 getY( ) 方法获取。

【示例 A11_15】鼠标事件实例。代码如下：

```
01  package com;
02  import java.awt.Color;
03  import java.awt.FlowLayout;
04  import java.awt.event.MouseEvent;
05  import java.awt.event.MouseListener;
06  import java.awt.even.MouseMontionListener;
07  import javax.swing.JFrame;
08  import javax.swing.JLabel;
09  import javax.swing.JPanel;
10  public class MouseListenerTest exteds JFrame implements MouseListener,
11                                                      MouseMotionListener{
12     JPanel jp1 = new JPanel();
13     JPanel jp2 = new JPanel();
14     JPanel jp3 = new JPanel();
```

```
15      JLabel jlb1 = new JLabel();
16      JLabel jlb2 = new JLabel();
17      JLabel jlb3 = new JLabel();
18      JLabel jlb4 = new JLabel();
19      JLabel jlb5 = new JLabel();
20      JLabel jlb6 = new JLabel();
21      JLabel jlb7 = new JLabel();
22      public void init() {
23          this.setTitle("鼠标实例");  //设置窗口的标题
24          this.add(jp1);  //将 jp1 添加到窗口中
25          this.add(jp2);  //将 jp2 添加到窗口中
26          this.add(jp3);  //将 jp3 添加到窗口中
27          jp1.setLayout(new FlowLayout());  //设置 jp1 的布局
28          jp2.setLayout(new FlowLayout());  //设置 jp2 的布局
29          jp3.setLayout(new FlowLayout());  //设置 jp3 的布局
30          jp1.setBounds(0,0,150,200);  //设置 jp1 的位置及大小
31          jp2.setBounds(150,0,150,200);  //设置 jp2 的位置及大小
32          jp2.setBackground(Color.GREEN);  //设置 jp2 的背景颜色
33          jp3.setBounds(300,0,150,200);  //设置 jp3 的位置及大小
34            //将 jlb1 ~ jlb7 添加到 3 个 jp 中
35          jp1.add(jlb1);
36          jp1.add(jlb2);
37          jp1.add(jlb3);
38          jp3.add(jlb4);
39          jp3.add(jlb5);
40          jp2.add(jlb6);
41          jp2.add(jlb7);
42          jp1.addMouseListener(this);  //jp1 添加 MouseListener 事件监听
43          jp2.addMouseMotionListener(this);
44  //jp2 添加 MouseMotionListener 事件监听
45          jp3.addMouseListener(this);  //jp3 添加 MouseListener 的事件监听
46          this.setLayout(null);  //设置窗口的布局
47          this.setSize(450,200);  //设置窗口的大小
48          this.setDefaultCloseOperation(EXIT_ON_CLOSE);  //设置窗口的关闭方式
49          this.setVisible(true);
50      }
51      public void mouseDragged(MouseEvent arg0) {
52            //鼠标拖拽事件,在鼠标拖动时触发
53          jlb7.setText("鼠标拖拽了");
54      }
```

```
55      public void mouseMoved(MouseEvent arg0) {
56              //鼠标移动事件,在鼠标移动时触发
57          jlb6.setText("鼠标移动了");
58      }
59      public void mouseClicked(MouseEvent arg0) {
60              //鼠标单击事件,在鼠标单击时触发
61          jlb5.setText("鼠标单击了一次");
62      }
63      public void mouseEntered(MouseEvent arg0) {
64              //鼠标进入事件,在鼠标进入某控件时触发
65          jlb4.setText("鼠标进入当前控件了");
66      }
67      public void mouseExited(MouseEvent arg0) {
68              //鼠标退出事件,在鼠标退出某控件时触发
69          jlb3.setText("鼠标退出当前控件了");
70      }
71      public void mousePressed(MouseEvent arg0) {
72              //鼠标按下事件,在鼠标按下时触发
73          int x = arg0.getX();  //获取鼠标当前的 X 坐标
74          int y = arg0.getY();  //获取鼠标当前的 Y 坐标
75          jlb2.setText("鼠标被按下 X = " + x + "Y = " + y);
76      }
77      public void mouseReleased(MouseEvent arg0) {
78              //鼠标释放事件,在鼠标释放时触发
79          jlb1.setText("鼠标被释放了");
80      }
81      public static void main(String[] args) {
82          new MouseListenerTest().init();
83      }
84  }
```

【运行结果】

鼠标实例

鼠标被释放了
鼠标被按下 X=122Y=95
鼠标退出当前控件了

鼠标移动了 鼠标拖拽了

鼠标进入当前控件了
鼠标单击了一次

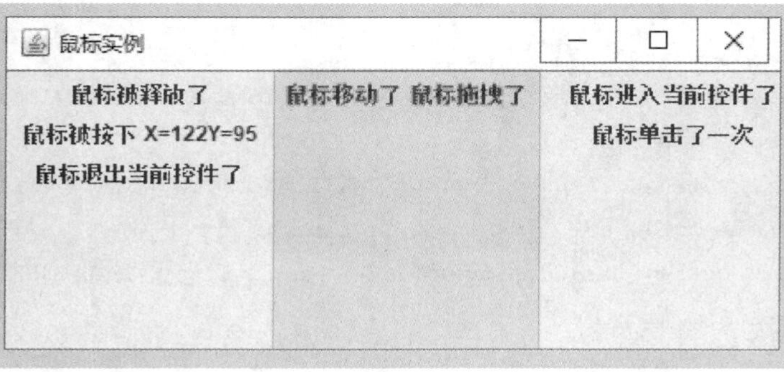

实战训练

创建一个窗体，输入两个数字，分别通过菜单选项和按钮进行四则运算。代码如下：

```
01  import java.awt.*;
02  import javax.swing.*;
03  import java.awt.event.*;
04  class MenuComputeFrame extends JFrame implements ActionListener{
05  private JTextField jtfNum1, jtfNum2, jtfResult;
06  private JButton jbtAdd, jbtSub, jbtMul, jbtDiv;
07  private JMenuItem jmiAdd, jmiSub, jmiMul, jmiDiv, jmiClose;
08  MenuComputeFrame(String str){
09  super(str);
10  //设置菜单栏
11  JMenuBar jmb = new JMenuBar();
12  setJMenuBar(jmb);
13  //添加运算菜单
14  JMenu operationMenu = new JMenu("Operation");
15  jmb.add(operationMenu);
16  //添加退出菜单
17  JMenu exitMenu = new JMenu("Exit");
18  jmb.add(exitMenu);
19  //添加菜单项
20  operationMenu.add(jmiAdd= new JMenuItem("Add", 'A'));
21  operationMenu.add(jmiAdd= new JMenuItem("Add", 'A'));
22  operationMenu.add(jmiSub = new JMenuItem("Subtract", 'S'));
23  operationMenu.add(jmiMul = new JMenuItem("Multiply", 'M'));
24  operationMenu.add(jmiDiv = new JMenuItem("Divide", 'D'));
25  exitMenu.add(jmiClose = new JMenuItem("Close", 'C'));
26  //设置快捷键
27  jmiAdd.setAccelerator(
28  KeyStroke.getKeyStroke(KeyEvent.VK_A, ActionEvent.CTRL_MASK));
29  jmiSub.setAccelerator(
30  KeyStroke.getKeyStroke(KeyEvent.VK_S, ActionEvent.CTRL_MASK));
31  jmiMul.setAccelerator(
32  KeyStroke.getKeyStroke(KeyEvent.VK_M, ActionEvent.CTRL_MASK));
33  jmiDiv.setAccelerator(
34  KeyStroke.getKeyStroke(KeyEvent.VK_D, ActionEvent.CTRL_MASK));
```

```
35  //窗体布局
36  JPanel p1 = new JPanel();
37  p1.setLayout(new FlowLayout());
38  p1.add(new JLabel("Number 1"));
39  p1.add(jtfNum1 = new JTextField(3));
40  p1.add(new JLabel("Number 2"));
41  p1.add(jtfNum2 = new JTextField(3));
42  p1.add(new JLabel("Result"));
43  p1.add(jtfResult = new JTextField(4));
44  jtfResult.setEditable(false);
45  JPanel p2 = new JPanel();
46  p2.setLayout(new FlowLayout());
47  p2.add(jbtAdd = new JButton("Add"));
48  p2.add(jbtSub = new JButton("Subtract"));
49  p2.add(jbtMul = new JButton("Multiply"));
50  p2.add(jbtDiv = new JButton("Divide"));
51  getContentPane().setLayout(new BorderLayout());
52  getContentPane().add(p1, BorderLayout.CENTER);
53  getContentPane().add(p2, BorderLayout.SOUTH);
54  //注册监听器
55  jbtAdd.addActionListener(this);
56  jbtSub.addActionListener(this);
57  jbtMul.addActionListener(this);
58  jbtDiv.addActionListener(this);
59  jmiAdd.addActionListener(this);
60  jmiSub.addActionListener(this);
61  jmiMul.addActionListener(this);
62  jmiDiv.addActionListener(this);
63  jmiClose.addActionListener(this);
64
65  this.pack();
66  this.setVisible(true);
67   }
68  //事件处理方法
69  public void actionPerformed(ActionEvent e){
70  String actionCommand = e.getActionCommand();
71  if (e.getSource() instanceof JButton){
72     if ("Add".equals(actionCommand))
73       calculate('+');
74  else if ("Subtract".equals(actionCommand))
```

```
75          calculate('-');
76    else if ("Multiply". equals(actionCommand))
77          calculate('*');
78    else if ("Divide". equals(actionCommand))
79          calculate('/');
80     }
81    else if (e. getSource() instanceof JMenuItem){
82    if ("Add". equals(actionCommand))
83          calculate('+');
84    else if ("Subtract". equals(actionCommand))
85          calculate('-');
86    else if ("Multiply". equals(actionCommand))
87          calculate('*');
88    else if ("Divide". equals(actionCommand))
89          calculate('/');
90    else if ("Close". equals(actionCommand))
91          System. exit(0);
92      }
93     }
94      //四则运算方法
95     private void calculate(char operator){
96     int num1 = (Integer. parseInt(jtfNum1. getText(). trim()));
97     int num2 = (Integer. parseInt(jtfNum2. getText(). trim()));
98     int result = 0;
99     switch (operator){
100      case '+': result = num1 + num2;
101       break;
102      case '-': result = num1 - num2;
103      break;
104      case '*': result = num1 *  num2;
105      break;
106      case '/': result = num1 / num2;
107      }
108      jtfResult. setText(String. valueOf(result));
109      }
110     }
111    public class MenuComputeFrameDemo {
112     public static void main(String[] args){
113     MenuComputeFrame frame = new MenuComputeFrame("运算窗口");
114     }
115   }
```

【运行结果】

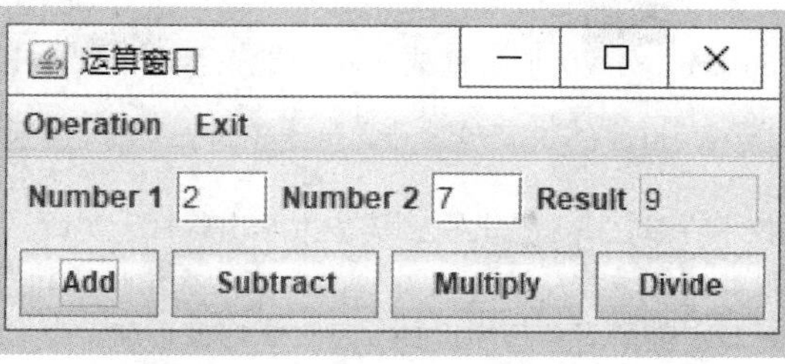

运算窗口
Operation Exit
Number 1 2 Number 2 7 Result 9
Add Subtract Multiply Divide

【程序分析】

本示例分别应用菜单选项和按钮进行数学的四则运算。

参考文献

[1] 庞永华. Java 多线程与 Socket：实战为服务框架［M］. 北京：电子工业出版社，2019.
[2] John Lewis，William Loftus. Java 程序设计教程［M］. 9 版. 洛基山，张君施，等译. 北京：电子工业出版社，2018.
[3] 沈泽刚. Java Web 编程技术［M］. 3 版. 北京：清华大学出版社，2019.
[4] 张冰，何毅. Java 程序设计实例教程［M］. 北京：北京交通大学出版社，2015.
[5] 张桂珠，刘丽，陈爱国. Java 面向对象程序设计［M］. 2 版. 北京：北京邮电大学出版社，2015.
[6] 朱福喜. Java 语言基础教程［M］. 北京：清华大学出版社，2008.
[7] 赵景辉，孙莉娜. Java 语言程序设计［M］. 北京：机械工业出版社，2020.
[8] 胡浩翔，郑冰洋. Java 程序设计案例教程［M］. 北京：电子工业出版社，2020.
[9] 明日科技. Java 项目开发案例全程实录［M］. 北京：清华大学出版社，2011.
[10] 李兴华. Java 开发实战经典［M］. 北京：清华大学出版社，2009.
[11] 王保罗. Java 面向对象程序设计［M］. 北京：清华大学出版社，2003.
[12] 埃克尔. Java 编程思想［M］. 北京：机械工业出版社，2007.
[13] 林龙，刘华贞. JSP + Servlet + Tomcat 应用开发从零开始学［M］. 2 版. 北京：清华大学出版社，2019.